写给市民大众的——“安居万事通”丛书

编委会主任　董藩

家居装修知识问答

姚蓉蓉　刘人莎
王　昊　武　敏　编著

U0327015

中国建筑工业出版社

图书在版编目(CIP)数据

家居装修知识问答/姚蓉蓉等编著．—北京：
中国建筑工业出版社，2007
（"安居万事通"丛书）
ISBN 978-7-112-08468-5

Ⅰ.家… Ⅱ.姚… Ⅲ.住宅-室内装修-问答
Ⅳ.TU767-44

中国版本图书馆 CIP 数据核字(2006)第 153787 号

"安居万事通"丛书
家居装修知识问答
姚蓉蓉 刘人莎 王 昊 武 敏 编著

*

中国建筑工业出版社出版、发行（北京西郊百万庄）
新 华 书 店 经 销
北京天成排版公司制版
北京建筑工业印刷厂印刷

*

开本：850 × 1168 毫米 1/32 印张：$8\frac{3}{8}$ 字数：225 千字
2007 年 1 月第一版 2007 年 6 月第二次印刷
印数：3,001—5,000 册 定价：**18.00** 元
ISBN 978-7-112-08468-5
(15132)

版权所有 翻印必究
如有印装质量问题，可寄本社退换

（邮政编码 100037）
本社网址:http://www.cabp.com.cn
网上书店:http://www.china-building.com.cn

“安居万事通”丛书包括《房屋买卖知识问答》、《房屋租赁知识问答》、《房屋中介知识问答》、《家居装修知识问答》、《物业管理知识问答》、《置业安居法律知识问答》6册，基本囊括了城市居民安居置业可能遇到的所有常规问题。

本书以问答的形式解读有关家居装饰装修过程中的常见问题，包括基本概念、前期准备、安装验收、装修方案、装修技巧、家居装修流行、家居装修健康指南等七大部分内容。相信读者通过阅读此书，会对装饰装修过程有一个基本认识，进而有助于自己在装饰装修方面的实践。

本书可供市民大众掌握和了解家居装修的相关知识，也可供装饰装修从业人员参考阅读。

* * *

责任编辑：吴宇江　封　毅
责任设计：赵明霞
责任校对：王雪竹

“安居万事通”丛书
编 委 会

（按汉语拼音为序）

顾问　胡代光　胡健颖　胡乃武　饶会林
　　　王健林　邬翊光　杨　慎　郑超愚

主任　董　藩

编委　刘　毅　王宏新　姚蓉蓉　周小萍

作者　丁　宏　丁　娜　董　藩　范　萍
　　　李　静　李亚勋　刘人莎　刘　毅
　　　秦凤伟　王　昊　王宏新　武　敏
　　　徐　轲　姚蓉蓉　张健铭　周小萍

顾问简介（按汉语拼音为序）

胡代光 著名经济学家、教育家，北京大学经济学院、西南财经大学经济学院教授、博导，曾任北京市经济总会副会长、民革中央第六届、第七届常委，第七届全国人大常委，享受国务院特殊津贴。

胡健颖 著名经济学家、统计学家、营销管理专家、房地产管理专家，北京大学光华管理学院教授、博导，北京大学房地产经营与管理研究所所长，建设部特聘专家，北京布雷德管理顾问有限公司首席顾问。

胡乃武 著名经济学家、教育家，中国人民大学经济学院教授、博导，中国人民大学学术委员会副主任，北京市经济总会副会长，国家重点学科国民经济学学术带头人，享受国务院特殊津贴。

饶会林 著名经济学家，东北财经大学公共管理学院教授、博导，中国城市经济学会副会长兼学科建设委员会主任，中国城市经济学的开拓者之一，享受国务院特殊津贴。

王健林 著名企业家，中国房地产业协会副会长，大连万达集团股份有限公司董事长兼总裁，中国西部地区开发顾问，多个省、市政府顾问，入选“20 年 20 位影响中国的本土企业家”，为中国房地产业旗帜性人物。

邬翊光　著名地理学家、土地资源管理专家、房地产管理专家，北京师范大学地理学与遥感科学学院教授，中国房地产估价师学会顾问，中国土地估价师学会顾问。

杨　慎　著名房地产管理专家，原建设部副部长、中国房地产业协会会长，中国住房制度改革、房地产业发展和中国房地产法制建设的主要设计者、推动者之一。

郑超愚　著名经济学家，中国人民大学经济研究所所长、教授、博导，霍英东青年教师研究基金奖和中经报联优秀教师奖获得者，美国福布赖特基金高级访问学者。

序　　言

2005 年年底，曾接到中国建筑工业出版社吴宇江、封毅两位编辑的邀请，他们希望北京师范大学房地产研究中心与其一起对普及房地产基础知识、推动房地产财经教育做些事情。虽然至今未能同两位编辑面对面畅谈，但多次的电话和 E-mail 联系使我深深感到：已经很少有这样执着、认真、坦诚的编辑了，如果没有合作的机会，是很遗憾的。

对于写些什么样的书，我思考了很长时间。按理说教材销量稳定，在业内的影响大，也算正经的科研成果，是值得考虑的。但我和我的合作者讨论后最终决定给普通市民写一套关于安居知识的简易读物。做出这种决定不是源于收益或者科研成果方面的考虑，而是希望帮助普通市民做些事情。

由于我和我的同事是从事房地产教学和科研工作的，所以朋友、同学、邻居们经常就安居置业问题向我们问这问那。有些问题并不难，只是大家不知道一些专业上的规定；有些则需要具备比较系统的专业修养才能回答；有些我们也需要仔细查阅规定或者整理各方意见才能准确回答。有时我们到楼盘或小区调查，看到看房者拿着材料茫然地看着，或者看到楼盘销售人员不停地忽悠看房者，或者看到一家人在认真地讨论着并不重要或者不是那么回事的事情，或者看到要求退房的人与售楼人员争吵，或者看到业主们从楼上垂下维权条幅，并与物业管理人员争吵着，我就想，如果广大市民对安居置业的专业知识掌握得多一些，或者有一些针对这些问题的简明专业手册可以事先查阅，许多问题的解决思路就很清楚，许多矛盾就可以避免，大家在许多事情上就会更有主见。虽然我们有时可以给身边的咨询者提供零星帮助，但一个人的时间、精力都有限，而且有时找我们不方便，不认识的人甚至无法直接从我们这里获得帮助。如果我们把相关规定、解释以及一些经验性知识整理成书，一切问题就会迎刃而解。这就是我们编写这套“安居万事通”丛书的基本目的。

这套丛书包括《房屋买卖知识问答》、《房屋租赁知识问答》、《房屋中介知识问答》、《家居装修知识问答》、《物业管理知识问答》、《安居置业法律知识问答》6册，基本囊括了城市居民安居置业可能遇到的所有常规问题。编写工作由北京师范大学房地产研究中心的各位同事、我在北京师范大学和东北财经大学两校的高素质学生以及房地产实业界声誉颇高的从业者共同完成。由于时间、精力原因，这套丛书可能还存在这样那样的问题，我们欢迎大家批评指正，以便进一步修订、完善。

董 藩

2006年8月

前　言

随着中国国民经济的迅速发展和人民生活水平的不断提高，居民对居住质量的要求也日益提升，如何把自己的居室改造得美观、舒适，成为广大装修一族的共同话题。但是装修对普通百姓来说是一个大工程，而且涉及不少专业知识，如果不未雨绸缪，在装修前做好相应的知识储备，恐怕要浪费好多精力、多走很多弯路。避免装饰装修过程中劳民伤财现象的出现，是我们编写这本《家居装修知识问答》的初衷。

本书从普通市民百姓的视角，采用深入浅出的问答形式，解读有关家居装饰装修过程中的常见问题，相信读者们通过阅读此书，会对装饰装修过程有一个基本认识，进而对自己在装饰装修方面的实践有所帮助。本书基本涵盖了家居装饰装修中可能遇到的问题，追求实用性和指导性，包括基本概念、前期准备、安装验收、装修方案、装修技巧、经典流行、健康指南七大部分内容，并围绕不同的章节标题进行了展开性的阐述。

在写作过程中，我们参考了许多学者的著作、教材和论文，也参考了很多网络佚名资料，在此对这些作者致以深深的谢意。另外，衷心感谢中国建筑工业出版社领导和吴宇江、封毅两位编辑的大力支持。

由于装饰装修是一个全新的领域，装修技术与装修材料都处在不断发展之中，书中有些装饰装修技术和理论尚不完善，再加上时间仓促，作者水平有限，书中难免存在不足之处，甚至是缺点和错误，恳求广大读者与专家赐正。

目　录

第1章

家居装修基础知识

随着经济的发展和人民群众生活水平的逐步提高，越来越多的家庭开始追求高质量的生活，而拥有一套优雅的住宅并营造一种舒适的家居环境则是改善生活状态的首选。在这一过程中，如何对住房进行适当的装饰装修也因此成了人们普遍关心的话题。由于行业的不同和市场的复杂，使得人们对于家居装修还普遍处于一知半解的状况，更多的则是依靠别人的经验和个人的喜好进行装修。因此，普及家装知识并且有针对性地对人们的家居装修进行指导则显得很有必要。本章作为该书的开始，主要介绍了一些家居装修的基础知识。通过阅读本章，读者就可以对家居装修有一个大致的了解。

1.1 什么是家居装修？它包括哪些主要内容？

家居装修是指在满足使用功能的前提下，依据美学原则，采用科学的方法、适当的材料和正确的结构工艺，对居室进行局部性的加工和改造，从而营建美观、实用、舒适的室内生活空间的活动。

一般而言，家居装修主要包括如下三个方面的内容：

（1）在不破坏居室结构的情况下对居室进行简单改造，包括增设门窗、添加隔断等。

（2）对居室内固定部位的装饰装修，包括墙面装饰、地面装饰、顶棚装饰、门窗装饰等。

（3）对非固定设备和器具的布置，包括家具布置、水电配置、美化配置等。

1.2 家居装修的一般程序是什么？

家居装修是一个系统工程，了解家装过程中的每一个步骤和相关需要注意的问题，对于正确地开展家庭装修来说至关重要。虽然每个家庭的装修过程和装修工艺都存在着差别，但基本上都包含了如下的基本程序：

（1）了解住宅情况

在家居装修前，首先应对住宅有简单的了解。例如，要知道房屋的结构，承重柱墙的位置，房屋的建筑面积、使用面积以及层高和净高等。只有了解了这些与住宅相关的基本“术语”，才能根据自身的需求设计出一个好的装修方案。

（2）调查市场状况

装修前，应通过各种渠道，详细了解以下方面的信息：

① 目前市场上比较流行的装修式样及装修方案；

② 目前比较通用的装修流程及模式；

③ 各种装饰材料的品牌、数量、规格型号、质量标准及价格；

④ 信誉较好的装修公司；

⑤ 同等住房装修时需要的费用和工期。

以上信息对于即将开展的装修活动具有极为重要的意义。

（3）咨询装修方案

了解市场状况后，就可以进行专业性咨询了。在咨询前，要明确装修的目的是什么，所倾向的样式、风格是怎样的等。因为家是人们很重要的活动、休息场所，因此，对家庭装修所做出的大大小小“修改”都会或多或少地影响到人们的身心健康；相反，不符合家人需要的装修即使再华丽也是浪费。在咨询装修方案的时候，最好能够得到专业设计师的建议，因为专业人士不但会根据装修者所提供的信息给出如何选择合理装修方案的建议，更重要的是，还能根据该设计方案确定工程预算、装修工期等相关信息，这有利于装修者更好地把握工程进展。

(4) 选择装修公司

选择一家有经验、服务好、信誉较高的装修公司进行房屋装修是大多数装修者的经验之谈。相比而言，好的装修公司一般都会严格地控制工程质量和工程进度。因此，欺骗消费者、偷工减料等情况的发生率就比较低。

(5) 签订装修合同

在与装修公司签订装修合同时，务必将家装的质量标准、建材的规格、质量、价格、付款方式、施工期限等逐一填写清楚。这样做了以后，一旦违约便可追究装修公司的法律责任。

(6) 准备开工条件

开工条件包括：水、电的供应；与周围邻里就装修时间等问题的协商；尽量清空装修现场，提前转移家具和住户等。避免因施工现场条件的限制，影响装修工作的顺利进行。

(7) 确保材料质量

材质的好坏对装修质量起着决定性的作用，因此，在经过仔细的市场调查和咨询后，应该选择质量有保证的厂家的材料。需要提醒消费者的是，在材料进货时应就地对其进行检验，这样才能确保材料的等级和质量。

(8) 进行施工监理

在建筑公司对住房进行装修的时候，很有必要亲自或聘请相关人员在施工现场进行监督和检查。因为在装修过程中，有很多操作性的工序都是隐蔽性的，一旦用材料包裹起来，就很难鉴别出其内部的施工工艺和质量，而这些都是施工公司可能偷工减料的地方。因此，现场监督不但包括对材料的检验和对施工工艺的监督，还包括对进场材料的确认及施工工艺是否与装修合同相符的鉴定等。

（9）验收工程质量

在装修完成后，就要对已装修过的房屋进行验收。具体验收方面请参看本书的第3章。

1.3 什么是家庭装修监理？为什么会出现这一新兴行业？

所谓家装监理，是指独立于装修公司之外，和装修公司不存在利益联系的第三方。它接受消费者的委托，是维护消费者利益的专业代言人。当然，家装监理公司也不是与装修公司为敌，让装修公司毫无利益可赚的企业与个人，而是在尊重事实的基础上，对装修问题提出客观、公正、独立的建议和解决方案，并不偏向任何一方。需要注意的是，在整个装修施工过程中，监理人员能够紧紧抓住容易造成质量隐患和发生纠纷的三个重要环节：①审查合同；②确认材料；③保证质量。一旦发现有工程质量上的问题，家庭装修监理会及时果断地发出停工、整改通知，从而维护消费者的利益。

为什么会出现这一新兴行业呢？因为在家庭装修的过程中，装修者最为担心的就是装修公司的施工质量、材料环保等问题。有些装修者为保证装修质量，不惜费力劳神地亲自监督。但由于缺乏“专业知识”和足够的时间，使得装修工程往往达不到预想的效果。在这种情况下，广大家庭装修者就迫切需要一个“行家＋管家”来帮助自己，家庭装修监理这一行业应运而生。

1.4 家居装修应遵循哪些基本原则？

装修原则不但是指导装修工作顺利开展的重要指南，还是关系到入住后居室舒适、环境健康和安全卫生的重要因素，因此，大家要特别注意以下几个原则：

（1）家居装修要创造人们向往的空间审美形式。

（2）家居装修要满足人们需要的空间实用功能。这主要包括：各类房间关系的布置；相关家具的摆放；通风与照明系统的设置；环境尺度关系的安排；各种装饰性小杂件的搭配等。

（3）家居装修必须确保建筑安全，不得任意改变原建筑的承重结构和建筑构造。

（4）家居装修不得破坏原建筑的主体结构。

（5）家居装修应选择有一定资质的装修公司进行设计和施工。

（6）家居装修要选用无毒、无污染的材料，注意满足防火、卫生等的相关标准。

（7）家居装修要注意所选择的装修方案切实可行，并且，要考虑在现行条件下所用的材料和施工工艺能否达到装修效果和装修质量的要求。

（8）家居装修应贯彻国家和地方颁布实施的有关家居装饰、建筑装饰、管道安装、电气安装的设计规范，以及装饰施工的验收规范等。

1.5　什么是绿色装修？其基本表现是什么？

绿色装修是突出以人为本的，在环保和生态平衡的基础上，追求高品质生存、生活空间的活动。它的主要目的是保证装修过的生活空间不受污染，在使用过程中不对人体和外界造成危害等。简而言之，绿色装修应符合下列的四个标准：环保、健康、舒适、美化。

绿色装修不仅应满足消费者的生存和审美需求，还应满足消费者对安全和健康的要求。它主要表现在如下三个方面：

（1）设计上的简洁、实用

尽可能地选用节能型材料，特别是注意室内环境；合理搭配装饰材料，充分考虑室内空间的承载量和通风量，以确保空气质量。

（2）工艺上的无污染

尽量采用少污染的施工工艺，降低施工中粉尘、噪声、废气、废水对环境的污染和破坏，并重视对垃圾的处理。

(3) 装修材料上的环保特性

严格选用环保安全型材料。例如：选用不含甲醛的胶粘剂，不含苯的稀料、石膏板材，不含甲醛的大芯板、贴面板等，以保证装修后的空气质量；选用资源利用率高的材料，如用复合材料代替实木；选用可再生利用的材料，如玻璃、铁艺件、铝扣板等；选用低资源消耗的复合型材料，如塑料管材、密度板等。

1.6 采用绿色装修时应遵循哪些基本原则?

绿色装修是时下流行的装修概念，也是国际上所倡导的装修理念。在采用绿色装修时，应遵循如下原则：

(1) 安全原则

在任何家装中，安全都是最基本、最重要的因素。因为人类的生活、生产及享受都必须以延续正常生命为前提，因此，采用绿色装修，选择绿色装修材料，首先要保证材料的安全性和稳定性，不能对家居生活造成威胁。

(2) 健康原则

在绿色装修中，为保证其健康性一般应做到以下三点：确保良好的自然条件；建立良好的家居自然环境；防治室内环境污染。

(3) 舒适性原则

什么样的家居环境才能让家庭成员感到舒适呢？这主要取决于它对人的物质与精神两方面需求的满足程度。因此，绿色装修不但在功能上要满足家庭生活的使用要求，而且还要给人精神上的享受。例如，要为人们提供舒适的自然环境等。

(4) 经济性原则

相比传统的装修而言，绿色装修要求在整个装修过程中，体现节俭与可持续的原则。例如，采用经济的装修方式、挑选绿色可持续的装修材料等。

1.7　在家庭装修中如何营造绿色住宅?

绿色住宅是基于人与自然持续共生原则和资源高效利用原则而设计建造的一种能使住宅内外物质能源系统良性循环，无废、无污，能源实现了一定程度自给的新型住宅模式。这种住宅最显著的特征就是亲自然性，即在住宅建筑的规划设计、施工建造、使用运行、维护管理、拆除改建等一系列活动中都自始至终地做到尊重自然、爱护自然，尽可能地把对自然环境的负面影响控制在最小的范围内，实现住宅与环境的和谐共存。

要想在装修中营造绿色住宅，就需要了解绿色住宅的基本要求。它除了具备传统住宅遮风避雨、通风采光等的基本功能外，还应具备协调环境、保护生态的特殊功能。根据建设部住宅产业化促进中心研究制定的有关绿色生态住宅小区的技术指导原则，衡量绿色住宅的质量好坏大致有以下四条标准：

(1) 绿色住宅，采用的是无害、无污、可以自然降解的环保型建筑材料。

(2) 绿色住宅必须按生态经济开放式闭合循环的原理作无废无污的生态工程设计。

(3) 绿色住宅应有合理的立体绿化，以便于对周边地域生态环境的利用和保护。

(4) 绿色住宅应利用清洁能源，以降低住宅运转的能耗，从而提高住宅的自养水平。

1.8　什么是绿色装修装饰材料?

近年来，在城市装饰装修行业中，出现了大量以绿色冠名的“装饰材料”，它是指装饰材料中有害物质的含量或释放量低于国家颁布的《室内装饰装修材料有害物质限量》十项标准的装饰材料。应该指出的是，用于室内的装饰装修材料，只要其含有的有害物质量低于国家标准，一般都可以被称为“绿色装饰材料”，而非其不含有害物质。

例如，对涂料中的有害物质(TVOC)，国家标准规定的指标限量值是200g/L，如果一种涂料中的TVOC的指标含量低于国家标准，就可以称为“绿色涂料”。又如，国家标准对人造板中的有害物质“甲醛”所规定的指标是1.5mg/L，如果人造板中甲醛的指标含量低于国家标准，就可以称为“绿色人造板”。

1.9 绿色装饰材料具有什么特征?

绿色饰材与传统饰材相比，具有以下特征：

(1) 生产所用的原料尽可能地少用天然资源，而大量使用了尾矿、废渣、垃圾和废液等废弃物；

(2) 采用了低能耗的制造工艺和不污染环境的生产技术；

(3) 在产品生产配制过程中不使用甲醛、卤化物溶剂或芳香族碳氢化合物等对人体有害的化学物质；

(4) 通过产品设计，以改善生活环境，提高生活质量为宗旨，不损害人体的健康；

(5) 产品可以循环回收再利用，无污染环境的废弃物。

绿色饰材的性能特征还包括：保洁、阻燃、防水、抗静电、防虫、防潮、无毒害、节能、保温、吸声和保健等。还要特别提醒的是，绿色饰材的包装上，应印有国家环保总局颁发的安全无害型证书。

1.10 什么是绿色家装、绿色涂料？什么是新居综合症?

绿色家装是指在装修完毕后，经过7～10天的通风，其有害气体已经基本挥发完毕，并且通过了国家检测部门检测，证明其室内空气质量达到了相关标准的装修效果。

绿色涂料是指节能、低污染的水性涂料、粉末涂料、高固体含量涂料(或称无溶剂涂料)和辐射固化涂料等。它是针对影响人们身心健康的传统涂料所提出来的。

新居综合症是指由于新建、扩建房子或是新装修后的房子中产生的空气污染，对人体产生危害，使人患上疾病或出现的相关症状。

1.11　家居装修都包含哪些工程?

在家庭装修中，大概可以将施工工程划分为以下几类：结构工程、装修工程、装饰工程和安装工程，它们分别在家庭装修工程中发挥了不同的作用。

(1) 结构工程

主要包括阳台的封闭和改造、非承重墙的移位改造、电线电路的改造、上下水的改造、门窗的拆改、暖气管线和设施的改造等。

(2) 装修工程

主要包括顶棚装修、墙体装修、地面装修、门窗装修等，它们是家庭装修工程的主要内容。

① 装修吊顶工程：是为了封闭室内管道、增加顶部艺术性、调整室内的空间照明而进行的装修工程。它主要包括吊顶造型、花饰工程、照明灯及装饰灯的安装、饰面的涂刷和裱糊、饰面板的粘贴等。

② 墙面工程：是为了保护结构，提高墙面的艺术性，便于日后维护清洁，以提高使用过程中的安全性而进行的装修工程。它主要包括墙裙的制作、暖气罩的制作、墙面的涂料涂刷、壁纸壁布的裱糊、陶瓷墙砖的安装、装饰板的粘贴、装饰角线的安装、壁灯的安装、开关插座的移位和增加、墙面装饰造型及挂镜线的安装等。

③ 地面工程：是为了保护结构安全、增强地面功能、确保使用安全、方便地面清理而进行的装修工程。主要包括实木或复合地板的铺装、陶瓷地砖的铺贴、地毯铺设等工程。

④ 门窗工程：是为了提高门窗的坚固性、安全性、隔声性、隔热性、封闭性、防风雨能力，进而增强门窗美化、调整室内采光而进行的装修工程。其主要包括窗户的加层或材料的调整、门窗的制作或更换、门窗套框的制作等。

（3）安装工程

主要包括配套电器的安装、照明灯路安装、卫浴设备安装、厨房设备安装和其他配件的安装等内容。

（4）装饰工程

主要包括室内配套的家具制作、窗帘布艺的设计安装、美术作品及艺术品的安装与摆放、各类装饰物的搭配等内容。

1.12 混合结构房屋、框架结构房屋、剪力墙结构房屋各是什么含义？

混合结构房屋是指构成该房的主要构件是由不同材料制成的。比如说一幢房屋，它的梁可能是用钢筋混凝土制成的，它的墙体可能是用砖制成的等。但一般来说，该类房屋的主要构件是用钢筋混凝土和砖木建造的，而且这类房屋通常无柱，即使墙角或墙中某些部位夹有小柱子，也只是构造柱，不能起单独承重的作用。这类房屋的优点是建筑工艺简单，取材丰富。所以，一般在建造低层、多层等低矮住房时大都会采用混合结构。但是，在装修时应注意，普通混合结构是房屋其墙壁是承重的构件，不可随便拆移，否则房屋有垮塌的危险。由于该类房屋的建筑用材多样，一般不会被高层建筑所采用。

框架结构房屋是指由钢筋混凝土柱子、梁及楼板构成的房屋。这种房屋由于用材单一、持久耐用，一般可以适应较高楼层的建设需要。框架结构房屋的墙壁只起围护或间隔作用，因此，在装修中虽然可以拆改，但不能在楼板中随便加一面砖间墙，即便是在楼板底下有梁的地方也不行。因为那条梁原先的承重设计是没考虑砖间墙这一项新荷载的，若加了间墙上去，下面的梁很可能会出现裂缝，甚至导致坍塌。

剪力墙结构房屋是指设置了剪力墙的高层建筑。因为高层建筑很容易受到强风和地震所产生的横向剪力的冲击，所以一般都采用剪力墙来抵抗横向推力。这种结构的楼房造型简单、抗剪力强，是目前绝大多数中高层、高层楼房普通采用的建筑结构。需要注意的是，在剪力墙结构的房屋中，墙上的门窗洞是设计时按力学要求定好了的，洞口四周另埋设有钢筋加固，所以，在装修房屋时，切记不能在剪力墙上开门洞口，那样会极大地影响住房的安全性。

1.13　什么是房屋的开间和进深?

房间的开间就是指住宅的宽度。房间的宽度是指一间房屋内一面墙皮到另一面墙皮之间的实际距离，又称为开间。在 1987 年国家颁布的《住宅建筑模数协调标准》中，对住宅的开间在设计上有严格的规定：住宅开间一般为 3.0～3.9m，砖混结构的住宅其开间一般不得超过 3.3m。

进深在建筑学上是指一间独立的房屋或一幢居住建筑物从前墙皮到后墙壁之间的实际长度。进深大的房屋可以有效地节约用地，但为了保证建成的建筑物有良好的自然采光和通风条件，进深在设计上有一定的要求，总的来说是不宜过大。例如，在 1987 年国家颁布实施的《住宅建筑模数协调标准》中，就明确规定了砖混结构住宅建筑的进深常用参数(单位：m)：3.0、3.3、3.6、3.9、4.2、4.5、4.8、5.1、5.4、5.7、6.0。

1.14　什么是房屋的层高和净高?

房屋的层高是指下层地板面或楼板面到上层地板面或楼板面之间的垂直距离。

房屋的净高是指层高减去楼板厚度的净剩值。或者说，净高等于层高减去楼板厚度，即层高和楼板厚度的差。

1.15　什么是玄关?它有哪些作用?

玄关是登堂入室第一步所在的位置，它是一个缓冲过渡的地段。因为居室是家庭的“领地”，讲究一定的私密性。因此，大门一开，如果有玄关阻隔，外人就不能对室内一览无余。玄关一般与厅相连，可以通过制作隔断、屏风或装饰衣帽间等方式来实现。

设玄关的目的有三：

(1) 保持主人的私密性

为了避免客人一进门就对整个居室一览无余，在进门处用木质或玻璃作隔断，划出一块区域，可以在视觉上遮挡一下外人的目光。

(2) 增加了门厅的装饰效果

进门第一眼看到的是玄关，这是客人从繁杂的外界进入这个家庭的最初感觉。可以说，玄关设计是设计师整体设计思想的浓缩，它在房间装饰中起到了画龙点睛的作用。

(3) 方便客人脱衣换鞋挂帽

在玄关的设计中，最好把鞋柜、衣帽架、大衣镜等设置在内。为了雅观，鞋柜可以做成隐蔽式，衣帽架和大衣镜的造型应美观大方，和整个玄关风格协调。另外，玄关的装饰也应与整套住宅装饰风格协调，起到承上启下的作用。

1.16 玄关有哪些种类?

常见的玄关有两种类型：硬玄关和软玄关。

硬玄关是指有用具体实物进行分割处理的方法，又分为全隔断玄关和半隔断玄关两种。全隔断玄关是指从地面到房顶全部隔断的玄关，其目的是为了阻拦视线。半隔断玄关是指在横或纵方向上采取的一半或近乎一半的玄关，其目的是为了配合门厅或房屋的整体设计。一般来说，面积较小的房间宜采用这种设计方案。

软玄关是指在材质等平面基础上进行区域处理的方案，分为顶棚划分、墙面划分和地面划分。

1.17 玄关设计应遵循的原则是什么?

玄关在居室中起到的作用非常重要，因此在它的设计上，应当注意以下几个设计原则：

(1) 不要因为玄关的设置而阻挡了原本充足的光线。

(2) 玄观的装饰要“少而精”，不要“多而杂”，以能突出居室主题的方案为佳。

(3) 玄关的风格应与居室公共空间的装修风格保持一致。

(4) 玄关的功能与美观同样重要。

(5) 不需要玄关的地方，不要强行设置。

1.18　玄关的装饰装修包括哪些要素?

玄关的装饰装修包括以下几个要素：

(1) 地面

玄关部分的地面可以用与客厅部分不同的材质分割开来。例如用磨光大理石或者抛光地板砖，还可以根据个人喜好铺设防尘地垫。

(2) 顶棚

玄关部分的顶棚应该与客厅的吊顶相一致。它可以是自由流畅的曲线，也可以是层次分明、凹凸变化的几何体，还可以是大胆露骨的木龙骨等。

(3) 墙面

玄关部分的墙面往往与人的视距很近，常常只作为背景烘托。可以用水彩木质壁饰或喷刷浅色的乳胶漆。切记要点到为止，不宜过多修饰。

(4) 鞋柜

在玄关的设计上，可以选择平台多夹层的鞋柜或者密闭式的鞋柜，这样既方便了鞋子的摆放，又有利于存储和清洁。

(5) 衣帽架

玄关部分的衣帽架设计是要让帽子、风衣等都能各得其所。其中，衣架的造型可以随着体现较高的艺术化，以增加空间的趣味与丰富。

1.19　在装修中“工程过半”指的是什么含义?

从字面上来理解，“工程过半”就是工程干了一半。但是，由于很难把工程划分得像期望中的那样准确，所以在家庭装修过程中一般用两种办法来定义“工程过半”，一种就是工期过了一半；第二种是把工程项目中的木工活儿“收口”作为工程过半的标志。

1.20 什么是“过度装修”？为什么会产生“过度装修”？

所谓“过度装修”，是指由于投入资金比重偏大、侵占室内空间较多、对原来房屋结构破坏较严重，以及使用有毒有害的装修材料等所产生的装修问题的总称。产生该问题的原因如下：

（1）过多地听从装修公司的意见

装修公司从盈利的目的出发，希望多施工、多投入。故在家居装修的方案上，难免偏向于“全面开花”乃至“画蛇添足”。对此，客户应有充分的心理准备，把握“删繁就简”的原则，而不是与装修公司一道“追加预算投资”。

（2）颠倒了“保护”与“爱护”的位置

因出入者众多，宾馆与饭店中的装修一般首先考虑的是对环境的保护，如贴壁纸、修墙裙、地面贴坚硬的花岗石、把壁灯位置挪高等。而在家居中则没有必要满墙贴壁纸、修墙裙及用沉重的花岗石去贴地面等。

（3）忽视了家具的“入住”

就目前的家居生活来说，大多数人家拥有的面积并不算大。在这不大的空间里，家具空间一般会占到总面积的50%左右。以卧室为例，除双人床、大衣柜外，有些人家还摆放了电视组合柜、梳妆台、写字台、沙发等家具。这样一来，本身空间就比较小的卧室就显得拥挤不堪了。

（4）盲目地攀比与仿照

有些家庭进行装修时，不顾房间是否具备相应条件就生硬地仿照装修实例或装修图集，对普通的家庭进行较大规模的空间改造和较为铺张的装饰装修。例如，房屋内部只有2.6m的净高，却要做上“吊顶”。虽然吊顶很漂亮，但却给人较为强烈的“压迫感”。

1.21　什么是家庭装修的主材和辅材?

家庭装修的主材一般来说包括墙地砖、地板、油漆涂料、卫生洁具、灯具、装饰五金以及采购的成型门等。这些材料在家庭装修的过程中可以起到影响整体装修效果的目的，因此，称之为装修主材。

家庭装修的辅材则范围很广，既包括水泥、砂子等原始材料，也包括木材以及其他制品，如腻子粉、白水泥、石膏粉、螺钉等。还有的家装工程把给排水项目使用的水管以及管件、配电工程使用的电线、线管、暗盒等也视为辅材。

1.22　什么是空鼓和倒光?

在家庭装修中，空鼓是指局部面层材料与基层之间没有胶粘剂或胶粘剂无效而产生的缝隙。当用锤轻击其面层材料时，就会发出空壳声。例如瓷砖与墙面间由于局部的水泥砂浆不饱满，就很容易形成空鼓。

倒光是指在漆刷木制品时，漆膜干燥后没有达到应有的光泽，或在涂装后短短二三个星期内其光泽就发生下降、黯淡，甚至无光的现象。倒光是不符合质量验收规定的，易产生此种弊病的涂料为硝基纤维素涂料和烘烤型涂料。

1.23　什么是漆膜起皱和漆膜“发笑”?

漆膜起皱是指涂漆后，面层的漆膜表面呈现出条纹或龟纹，从而影响了面层的光滑和光亮。

漆膜“发笑”是指涂料表面收缩，出现的锯点、锯齿、圆珠、针孔等形状。

1.24　在装修中“软包”与“收口”各指什么?

软包是墙面装饰的一种，其表面为装饰布，内层为海绵，手感松软，装饰效果显著。

收口是指在装饰中有很多线头交接或走线的部位，为不让其裸露在外，常用木条线等覆盖，称为收口。

1.25 什么是软木地板？

软木地板是中高档地面饰材，不仅保持了十足的木质感，也有良好的弹性，又可减轻老人与儿童由于跌、撞而造成的伤害。它原产于地中海地区和中国的秦巴山区，属天然再生林资源。制造软木地板的树一般生长25年后即可采剥，以后每隔9年采剥一次。软木木质结构独特，属六菱形蜂窝状环链结构，木质内存有大量的空气，使其具有良好的回弹性能。

软木地板比硬木地板的耐磨性高20倍，同时还具有吸声、防水、防滑、阻燃、抗静电、虫蚁不蛀等特性。且其施工工艺简便，只需像粘石英地板块那样铺贴即可。

1.26 什么是地砖？

地砖一般指瓷砖。瓷砖是一种陶制产品，由不同材料混合而成的陶泥，经切割后脱水风干，再经高温烧压，就可以制成不同形状的砖板。它主要应用于卫生间、厨房、阳台的墙面和地面上。

第2章

家居装修前的准备工作

一旦决定对住房进行装修了，可就忙活了起来。找人咨询、进行市场调查、选购材料、跟装修公司谈判……一件件的事情哪一样也不好做。到底开始装修前应该做好哪些准备工作，应当了解哪些专业知识，应该向谁进行咨询，以及如何选择装修材料，怎样选择合适的装修公司，如何签订装修合同等问题，都是在装修中让读者头疼的事情。阅读完本章，您就会对以上问题有一个比较清楚的认识。

2.1 家居装修的前期准备工作一般包括哪些?

在家居装修前，一定要做好相关准备工作。这些工作的完成，不但会给装修过程带来很大便利，更重要的是，会让整个装修工作变得井井有条。

(1) 对自己住房的了解

在开始装修前，首先应该仔细了解一下所要装修的房屋的结构，丈量其实际的面积并绘制详细的结构图。这样，就可以在装修设计时，对房屋可改动及不可改动的部分做到心中有数。然后做些调查，可先到周围刚装修过的或正在装修的邻居家(同结构)去看看，再到装修过的亲戚朋友家走走，取取经。主要是了解一下具体的布局(包括对原有结构进行合理更改)以及装修的总费用(包括材料的价格和人工费用)等。有了这些资料，人们就有了对如何装修房屋的大致思路。

(2) 对装修资金的准备

根据装修档次准备适当资金，是比较明智的办法。家庭居室装修的档次没有严格划分。目前，每平米方使用面积的装修费用可分为中、高、豪华三个档次。其中，费用在500～1000元之间的为中档，1000～1500元之间的为高档，1500元以上的为豪华档。装修费用应包括地面、顶棚、门窗装修以及卫生洁具、橱柜、灯具，固定家具的购买等各项费用。

(3) 对材料预算和施工费用的分配

为了使装修工作顺利进行，应对在总预算不变的基础上对材料费用和施工费用进行合理的分配。例如，在总装修费用中，卫生间与厨房应占到45%左右，而门厅所占的装修费用一般为总装修费用的35%等。

(4) 对工期的准备

以两室一厅为例，在正常情况下，工期应在30天左右。如算上其他因素，诸如更改设计方案等，那就至少需要40天的时间了。

(5) 对专业知识的准备

在家庭装修前，应积蓄一定专业知识。其中，获取这些专业知识的方法是可参看一些专业书籍或向经验丰富的人咨询。

(6) 对市场状况的调查

包括两个方面：①基本价格的调查：家庭装修是一项经济活动，价格是重要的因素。在装修前要充分了解设计、施工方面的价格信息，以做到心中有数。②市场状况的调查：对家庭装修市场的状况进行全面的了解。可以通过专业机构、单位或组织了解相关信息，如装饰协会、装饰服务中心等。

2.2　家居装修应当注意哪些细节?

在家居装修中，下列问题应当引起注意：

(1) 整理和保存装修过程中的原始资料。主要包括改变施工项目、延长工期以及改变装饰材料等的书面协议。并在签订协议的时候，注明具体更改的项目、涉及的费用及材料的种类、数量、品牌和价格等。

(2) 认真验收各项装修工程。验收阶段中应注意不要一次性与装修公司结清费用，以保证如果发现质量缺陷的话，能有力地要求装修公司及时维修。并且可以与装修公司协商付款方式。要求在施工结束 3～6 个月后，当工程质量不出问题时再结算尾款。

(3) 协调好与邻里的关系，以求得邻里对装修噪声干扰的谅解。

2.3　家居装修应注意哪些负面影响?

适当的家居装修，会给人带来美感和舒适感，但如果不遵循科学的方法，盲目甚至过度进行装修，则会给人们的日常生活带来危害。下面提到的几点就是在装修过程中应当注意的负面影响：

(1) 产生有害气体

装修材料，如油漆、涂料、壁纸、彩喷等大部分都含有苯和其他有害物质，这些有害物质需要很长时间才能散发干净。若在装修后立即入住，则会对身体产生不良影响。

(2) 使房屋空间缩小

举例而言，如果装修时加装顶棚和挂装天花板，地面再铺设地板、瓷砖，那么居室高度就要缩小 0.5m 左右，这不仅会造成视觉污染，同时也给人带来心理的压抑。

(3) 造成噪声污染

家庭在装修后一般会购置诸如音响、电视机、空调、空气净化器等设备。当这些设备运行时，相互交叉的声音再加上从室内光滑四壁上反射回来的各种声音会形成噪声。若长期处于此种环境，将会损害健康，尤其对于患有高血压与心脏病的中老年人来说，危害更大。

(4) 维修和保养困难

油漆、涂料、壁纸、彩喷等装修材料不吸附水汽和有害气体，却很容易吸附灰尘和微粒，时间不长就会沾满灰尘。这些沾染的灰尘不易处理，有时反而越刷越脏。

2.4 家庭装修的运作方式都有哪几种?

家庭装修一般有四种运作方式：

(1) 直接找装饰队伍。这种方法具有一定的风险，主要是对施工单位不了解。

(2) 到家庭装修市场找装饰队伍。这是一种比较节省精力的方式。

(3) 通过中介确定施工队伍。通过中介来找装修队伍一般分为两种情况：一种是通过亲朋好友介绍，这种方法会受中介方所接触行业广度和深度的限制；另一种是通过专业的中介组织进行介绍，当然，由其介绍的队伍应该是安全可靠的。

(4) 通过网络确定施工队伍。这是一种全新的方式，相对节省金钱和时间，但目前还没有得到广泛应用。

2.5 “街头游击队”与家装公司有何区别?

“街头游击队”与正规的装饰公司在质量、价格、服务上有着很大的差别。

“街头游击队”是指在大街上、胡同里摆地摊的“五无人员”，即无营业执照、无资质等级证书、无办公地点、无施工力量、无资金保障。这些人员所做的家装工程从价格上看会比较便宜，但却常常偷工减料、粗制滥造，使家装工程得不到质量上的保证。此外，由于消费者和这些人员发生雇用关系时并没有签订正式的合同，一旦双方发生争执，消费者也常常由于没有依据而吃哑巴亏。再就是这些人员的流动性很大，一旦装修后发生质量问题，消费者再也找不到装修的工人，而只能自认倒霉。

相对而言，家装公司具有营业执照、办公地点、资金保障，具备一定的施工队，加上大多数家装公司都具有相关部门颁布的资质等级证书，消费者可以比较放心地进行选择。特别是随着家装市场的活跃，许多家装公司还通过一些措施来保证质量和保障服务。例如，制定统一的市场参考价格、制定规范的家装合同文本等。

2.6　什么是“包清工”？

“包清工”是指用户自己购买装饰材料，由工人来施工，工费付给装饰公司或施工队的一种装修模式。

如果您具备了以下条件，可以考虑采用“包清工”的方式进行家居装修：

（1）有足够的精力和时间。

（2）是一个砍价高手。

（3）很熟悉建材市场。

（4）有方便的交通运输工具。

（5）对装修材料的质量、性能和价格很了解。

（6）能准确地计算耗材，而且能很专业地和装饰公司洽谈关于材料的用量。

（7）装饰工程比较简单，需要采购的装饰材料不多。

2.7　采用“包清工”的方式有什么弊端？

“包清工”的装修方式虽然简单易行，但并不是说就可以一劳永逸。广大装修者在采用“包清工”这种装修方式的时候，还应该注意以下弊端：

（1）耽误时间。自己购买装饰材料，要搭上很多精力和时间，如果购买不及时，还容易误工。

（2）不能保证材料的性价比。非专业人士对如何挑选装饰材并不是非常了解，对材料的质地、用途的了解也甚少，容易买到质次价高的材料。

（3）不能享受“量大优惠”。个人挑选材料属于零售，所购材料数量较少，享受不到材料店提供的批发价，往往价格较高。

(4) 容易产生纠纷。自己选购材料而找别人装修，一旦出现工程质量问题，很难分清是由工艺过程引起的，还是材料质量引起的。

(5) 户主自己买材料，容易发生工人在施工中的浪费现象。

(6) 自己雇车运料，运费高，车的利用率较低。

(7) 材料剩下后，没法处理，造成浪费。

(8) 可能出现所购买的材料前后风格不一致的现象。

2.8 什么是“包工包料”?

包工包料是指将购买装饰材料的工作委托给装饰公司，由装饰公司统一报出材料费和工费的装修模式。这种模式是装饰公司比较普遍的做法，可以为客户省去很多麻烦。如果您的条件符合以下的几种情况，采取“包工包料”方式会比较好：

(1) 工作很忙，没有足够的时间和精力去购买材料和监督装修施工。

(2) 不了解也不想了解装修材料的质量、品牌、价格、特点等。

(3) 对逛市场没有耐心。

(4) 居住地离建材市场非常远，交通不方便。

(5) 对所选装修公司很信任。

(6) 装饰工程比较复杂，需要购买的装饰材料比较多。

提醒：采取该种方式，最怕的就是“偷梁换柱，偷工减料”。因此，即使信任装修公司，也不要打马虎眼，应在可能的情况下多了解一些装修方面的知识，维护自己的利益。

2.9 什么是“包工包辅料”?

包工包辅料是指用户自备装饰工程所需的主要材料，如地砖、涂料、釉面砖、壁纸、木地板、洁具等；而由装饰公司负责装饰工程的施工及辅料(如水泥、石灰、沙、石粒等)的采购的装修模式。在这种模式中，用户与装饰公司只结算人工费、机械使用费、辅助材料费以及相应的间接费等。装饰公司可以在人工费、辅助材料费及间接费方面获利，用户也可少为采购辅助材料而操心。

如果装修者的情况符合下面列举的几条的话，就可以考虑采用"包工包辅料"方式：

(1) 对装饰主材有一定鉴别能力。

(2) 有一些时间和精力采购材料。

(3) 家庭装修的施工上比较简单，装饰主材品种不多。

采取该种方式时，装修者要严格控制材料的进场，双方购买的材料在使用前都要得到对方的确认。这样可以防止施工方在购买辅料时以次充好，也方便当业主对施工不满意时，可以避免施工方借口主材不好不予返工等情况的发生。

2.10　委托装修公司进行装修包括哪几个步骤?

由于现代生活节奏的加快和作为非专业人士对装修专业的陌生，人们一般都不太会有很多富余的时间和精力亲自装修居室，而将装修任务委托给装修公司。那么，怎样委托装修公司进行装修呢?

(1) 洽谈

委托装修公司进行装修，首先就要接触设计师。装修者应将自己的要求和想法告诉设计师，由设计师根据装修者的意见对装修效果进行整理和加工，以确定装修方案。

(2) 设计

装修公司了解了用户的想法后，会派设计师或技术人员亲自到实地进行测量及观察现场环境，以方便研究用户的要求是否可行以及获取现场的设计灵感。然后，会初步选出一些材料样品及粗略价格，向用户介绍，如果用户表示同意，设计师会进一步提供准备采用的家居设备资料，以便配合方案设计。

(3) 细化

装修公司最后提供的图纸和报价单能够表示出每个项目的尺

寸、做法、用料(包括牌子、型号)和价钱。装修者收到工程图和报价单后，一定要仔细阅读，留意设计师是否已经完全提供了自己所要求的装修项目。最后，还要详细审定装修预算。

(4) 确认

当用户对装修公司的设计方案和报价满意后，便可进入签约确认阶段(也就是进入签定装修合同阶段)。合同一般会包括下列内容：签约双方的名称，装修费用、付款方法(分期或一次性)、施工期限(设工作天数，不是完工日期)以及双方的责任义务等。附件包括：分列项目的报价单、有编号的图纸和材料样品。合同连附件，一般一式两份，由双方分别保存。

(5) 合作

签订完装修合同之后，装修就进入施工阶段了。装修者要配合好装修公司的装修施工；同时，也要及时与装修公司进行沟通和协商，以便装修任务的顺利进行。

2.11 装修前用户应向装修公司提供哪些资料和施工条件?

为了方便地和装修公司进行沟通并且保证装修工程的顺利进行，装修前用户除应向装修公司提供人口、性别、大致年龄、各房间的使用设想等基本资料外，最好还应提供下列资料或通报下列情况：

(1) 添置家具的情况。各种设备的品牌、型号、规格(长、宽、高)和颜色，包括：冰箱、热水器、水槽、洗衣机、洗碗机、音响组合、电视机、微波炉、抽油烟机、空调机等。

(2) 生活上的特别要求等。

(3) 同邻里协调关系的情况。

(4) 腾空房屋的情况，准备好向装修公司提供的房间钥匙。

(5) 施工水、电接通的情况。

2.12 与装饰公司洽谈前应做好哪些准备工作?

在挑选好装修公司后，就应该与其就居室的装修问题进行洽谈协商了。为了进行高效的洽谈，您需要准备好以下内容：

（1）准备好土建平面布置图，将各个房间的尺寸丈量一下，并绘出简单的示意图。

（2）与家人统一思想，初步确定各个房间的功能。拿不定主意的，可以暂且保留以请教设计师。

（3）分析自身的经济情况，根据自己的实际经济能力确定装修的预算。

2.13　签订家庭装修合同时应注意些什么？

家庭装修合同，作为和装修公司之间的协议，具有重要的约束和规范作用，也是处理装修纠纷的最好依据。因此，一定要重视装修合同的订立，做到步骤明确，内容规范。

（1）签订家装合同的时间

什么时候签订合同合适呢？用比较通俗的话说，就是在装修前的咨询中，当所有的疑问都已解决了的时候，就可以签订装修合同了。

（2）家装合同应包括的内容

较完整的家装合同，除了规定的工程预算、设计图纸以外，还应该包括关键施工项目的施工工艺、施工计划以及甲乙双方的材料采购单。其中，施工工艺是一个约束施工方严格执行约定工艺做法、防止偷工减料的法宝。施工计划则是针对家庭装修中拖延工期的现象而设立的。材料采购单则应明确地规定哪些材料由谁采购、材料的品牌、采购的时间期限、验收的办法以及验收人员等方面的内容也应一并写入合同中。

（3）签订合同前应确认的内容

① 核实装修公司的名称、注册地址、营业执照、资质证书等档案资料。

② 明确工程的内容和用料。包括施工的项目、所用的材料、具体的施工工艺和工序、相应的价格。

③ 明确甲乙双方的材料供应。有些工程是甲乙双方共同供

料的，要明确列出供料的品种、规格、数量、供应时间以及供应地点等内容。

④ 明确奖惩条款。明确违约方的责任及处置办法。

⑤ 明确保修期和保修范围。

⑥ 明确验收的时间、次数。

⑦ 明确付款时间和开工时间，工程进行到何种程度才算“过半”，增、减项目的款项何时交付等。

⑧ 明确合同中关于质量标准的规定或参照标准，并应严格按有关规定执行。

2.14　家庭装修的贷款期限、利率和限额分别是多少？

家居装修贷款是指贷款人向借款人发放的用于借款人自用家居装修的人民币消费贷款。家居装修贷款期限一般为一至三年，最长不超过五年（含五年），具体期限根据借款人的性质分别确定。

家居装修贷款利率执行中国人民银行规定的相应档次贷款利率。贷款期限在一年以内（含一年），按合同约定的利率计息，遇法定利率调整时，利率不变；贷款期限在一年以上的，遇法定利率调整，则按人民银行关于利率调整的规定进行利率调整。

家居装修贷款的最高限额不得超过家居装修工程总额的80％。

2.15　申请家庭装修贷款时需要向银行提供哪些文件、资料？

申请家居装修贷款的借款人应向贷款人提交书面借款申请，填写有关申请表格，并提交下列文件、证明和资料：

(1) 个人及配偶的身份证、户口簿及其他有效居留证件原件；

(2) 贷款人认可的具有固定职业和稳定经济收入的证明；

(3) 大额高档装修原则上需提供经贷款人认可的装修企业签订的装修协议或合同，以及装修工程预算表；

(4) 以资产作抵押或质押的，应提供抵押物、质物清单和有处分权人(包括财产共有人)签署的同意抵押、质押的承诺或声明。对抵押物须提交有关部门出具的价值评估报告和保险部门的保险文件，并提供所有权证明文件。以第三方担保的，应出具保证人同意担保的书面文件，及有关的资信证明材料；

(5) 不低于装修工程总额 20%的银行存款凭证或已自筹资金支付工程总额 20%以上的付款证明；

(6) 大额高档装修原则上需提供装修企业的营业执照(复印件)、资质证书(复印件)；

(7) 贷款人要求提供的其他证明文件和材料。

2.16　完成装修任务后如何结算资金?

家庭装修的结算是在工程竣工验收之后对工程量以及工程竣工款项进行的核对以及支付。在这个阶段的工作，应该本着多退少补、增项增款、减项减款的原则进行计算，得出应该结算的工程款，最后根据双方认可的结算款的数额进行支付。

2.17　家庭装修合同中的“三次付款”是什么含义?

目前的家装合同有几种付款方式，其中使用最广泛的是三次付款方式，即：合同签订以后付首期款，此笔款一般为工程总报价的 60%；工程过半付二期款，一般为工程总报价的 35%；竣工验收付清余款，一般为工程总报价的 5%。如果施工当中有增减项，一般应该在付二期款时一次结清增减项目的款项。

2.18　家庭装修有哪些常见的误区?

人们在进行家庭装修时，常常由于不了解家装知识，或者为满足个人特殊需要而不顾实际情况进行盲目的装修，从而陷入了家装的误区。这种误区主要表现在以下几个方面：

(1) 盲目攀比。为了达到同样的效果而多花了冤枉钱。

(2) 东搬西抄。在装修前没有做好整体构思；或者在装修过程中盲目参照国内外装饰图集，而导致的家装效果缺乏统一格调，东施效颦。

（3）浪费钱财。许多居民都把“高档”“豪华”理解为装饰材料的贵贱，而一味地追求最好的品牌和最贵的材料。但由于缺乏总体设计，缺少用材对比，反而常常弄巧成拙。

（4）功能错位。不少居民模仿宾馆、餐厅、舞厅的豪华装修，异化了居室的特性，常常弄客厅不像客厅，卧室不像卧室。

因此，居民的家庭装修应该根据自己的资金力量、个性爱好、文化修养、职业特点、家庭生活习惯等，来设计适应自己居住的室内环境。要注意因人而异，不要生搬硬套、忘记自我。

2.19 假冒伪劣装修装饰材料有哪些表现形式？

假冒伪劣的装修材料，会对装修效果及人们的居住健康造成很大危害。下面介绍的几种情况是假冒伪劣商品混入市场的惯用手法。

（1）盗用商标，以假乱真

造假者常常盗用名牌，利用名牌效应，贴上假商标，蒙骗消费者。

（2）混淆等级，以次充好

这是某些不法商家惯用的手法，他们尤其好在墙地砖、石材、涂料和木板材等材料上动手脚，以次充好。消费者若不懂行，往往上当花了冤枉钱。

（3）无视国家标准粗制滥造

有些不法商家往往利用消费者不懂行情的特点，将非标准的饰材出售给消费者，造成消费者安全健康均受到损害。例如，有的不法商家用厚度1mm以下的铝合金型材制造阳台封窗，这种封窗既不牢固又很容易破裂，对消费者的居家安全危害很大。又如多彩涂料中含有二甲苯等毒性很强的溶剂，使许多家庭在不知不觉中受到伤害。

（4）偷梁换柱，牟取暴利

一些不法商家利用进口产品的生产地和厂家是在国外的招牌，打着“进口”、“合资”的幌子，声称“全部进口”。其实大部分是国产的，而让消费者用进口价买了国产货。

(5) 张冠李戴，逃避检测

有些商家在某新产品畅销后，仿其制品，冒用其检测报告和产品说明书，冠以自己的商标，推销根本未经检测的产品。

2.20　选材如何才能达到经济合理的目标？

在装修时，应经济合理地选材：

(1) 符合室内环境保护的要求

室内装饰材料都要用在室内，所以材料的放射性、挥发性要格外注意，以免对人体造成伤害。

(2) 符合装饰功能的要求

例如，大理石在家庭装修中一般用于入口玄关处及客厅部分；客厅、卧室等公用区域宜选用木地板；厨房、洗手间、阳台等公用区域，可选用地砖、墙砖、通体砖材料，其优点是便于清理；而卧室、儿童房则以选用地毯较为合适。

(3) 符合整体设计思想

例如，采取“包工包料”的方式，只有装修者确定好了总体思路、设想等，设计师才可能做出符合其意愿的设计，也才能在购买材料时为其选择合适的装饰材料。

(4) 应符合相应的经济条件

主要应考虑一次性投资能力，购买自己预算范围内的理想材料。

2.21　选择地面材料要注意哪些基本事项？

地面、墙壁、顶棚三者构成了室内的主要因素，但与墙壁、顶棚相比，地面更贴近人们的生活需要，因此，人们对地面装修也有了更高的要求。

首先，要选用具有耐用性的装饰材料。这种类型的材料，具有耐磨损、耐腐蚀、耐冲击等方面的强度，并且不褪色，耐水，耐湿，隔声，断热耐火等。其次，这种材料使用起来不易脏，防滑，脚感好。最后，在选择材料时，要在充分研究上述性能的基础上，根据房间的用途、风格以及住户的喜好来进行选择。

2.22 用天然木材装修应注意哪些方面?

天然木材是装修者们较为喜欢的装修材料。用天然木材装饰地板或橱柜，显得高雅并亲近自然。但天然木材除了有相当高的强度、易加工、亲切舒适和色泽鲜亮等众多优点外，也有一些容易让人忽略的不足之处。在装修的时候，应特别注意以下方面：

（1）防止其受潮变形

木材的含水率会影响到木材的强度，因此要用自然通风和人工的方法对木材进行加工干燥处理。而且，空气的干湿变化会导致木材的翘曲变形。因此，木材一般不宜长期直接暴露于空气中，而应在其表面涂刷油漆以保持木材性能的稳定。

（2）防止其高温燃烧

木材遇明火和高温易燃烧。因此，在家庭装修中应采取一定的防火措施，以避免发生火灾。特别是厨房等易燃空间，最好采用耐火板材，即使是吊顶龙骨也要刷防火涂料。专家们指出，用饱含钡离子的化学溶液浸泡木材，使钡离子扩散渗透到木材组织内，经过处理制成的瓷化木材，具有超级阻燃的性能，对家居防火很有帮助，将成为装饰装修和家具制作中广泛使用的材料。

（3）防止其被虫蛀咬

木制构件应注意防虫处理。如在龙骨和木制地板下撒石灰或喷洒杀虫粉等，都是预防木制构件被虫蛀咬的有效办法。

2.23 实木地板、强化复合地板、实木复合地板有什么区别?

木制地板因为能够调节温度、湿度，能隔潮防寒，具有大自然的气息和柔和的色泽与木纹，而备受青睐。在装修选材的过程中，不少装修者都不太清楚实木地板、强化复合地板、实木复合地板这三种常见地板种类的区别，以下比较可供读者们参考：

（1）实木地板

实木地板是木材经烘干、加工后形成的地面装饰材料。它具有花纹自然、脚感舒适、使用安全等的特点，并且强调质感的自然，是卧室、客厅、书房等地面装修的理想材料。

（2）强化复合地板

强化复合地板是近几年来流行的地面装饰材料。它是在原木粉碎，添加胶、防腐剂、添加剂后，经热压机高温高压压制处理而成的装饰材料。强化复合地板的强度高、规格统一、耐磨系数高、防腐、防蛀而且装饰效果好，克服了原木表面的疤节、虫眼、色差等的天然缺陷，是适合于现代家庭生活节奏的地面材料；另外，强化复合地板的木材使用率高，是很好的环保材料。

（3）实木复合地板

实木复合地板可分为三层实木复合地板、多层实木复合地板和新型实木复合地板三种。由于它是由不同树种的板材交错层压而成，因此，克服了实木地板单向同性的缺点。它的干缩湿胀率小，具有较好的尺寸稳定性，并保留了实木地板自然木纹和舒适的脚感。也正是因为实木复合地板兼强化复合木地板的稳定性与实木地板的美观性于一体，而且具有环保优势，因此，逐渐成为了木地板行业发展的新趋势。

2.24　如何选购实木地板？

消费者在购买木地板时，首先想到的是实木地板，因为它是最为传统、最为普及和最为深入人心的地板。但在种类繁多的市场中，如何选购实木地板呢？

（1）选树种材性

实木地板也称作纯木地板，但由于树种的不同，而导致的不同实木地板之间的价格差异很大。市场上在介绍实木地板时，误导树种树名的做法很广泛，因此，在选购时，应按照中国林产工业协会地板委员会颁发的《常用木地板规范化商用名》来核对；

并注意其纹理、颜色，尽可能挑选本色板，不要选染色板；尽量挑选材性稳定的树种，避免在木地板长期使用过程中出现瓢、扭、弯、裂、拱、响等现象。

(2) 选尺寸大小

目前市场上供应的实木地板，规格尺寸均偏长偏宽。例如有的地板的尺寸标注为 900mm×90mm×18mm，这就略大于家庭装修所适用的尺寸。实际上，木地板宜短不宜长，宜窄不宜宽。消费者在挑选木地板的时候，应选用小于 600mm×75mm×18mm 的地板。因为地板尺寸越小，其抗变形能力越强。

(3) 选含水率

木地板的含水率至关重要。所购地板的含水率务必与当地平衡含水率一致，而且在购买的时候，务必现场测定含水率。

(4) 选加工精度

用几块地板在平地上拼装，用手摸、眼看的方法观察其加工质量精度、光洁度、平整度以及安装缝隙和抗变形槽的拼装是否严丝合缝等。

(5) 选基材质量

检查地板的等级，要注意看其是否有虫眼、开裂、腐朽、蓝变、死节等木板缺陷。对于小活节、色差则不要过于苛求，这是木材的天然属性。至于木材的自然纹理，绝大多数是弦切面，少部分是径切面。因此，其花纹大致上应该比较一致。

(6) 选油漆质量

挑选木地板时，应注意观察其漆板表面是否均匀、丰满、光洁，无漏漆、鼓泡、孔眼等。还要注意木板上所刷油漆的其耐磨、耐烫灼等性能。

2.25 如何选购强化复合地板?

近年来，强化复合地板在居家装饰中扮演着越来越重要的角色，它以典雅美观、色彩丰富的特点赢得了愈来愈多消费者的厚爱。但是，面对市场上出现的近百种品牌的产品，消费者难免眼花缭乱，如同雾里看花。因此，选购强化复合地板，应从品质、花色、环保性、防潮性、售后服务等几个方面入手。下面介绍几个挑选强化复合地板的方法：

（1）鉴别实物质量

比较地板的实物质量非常重要，因为这种方法最直观，而且也比较简单。比较时，第一要看地板的表面，消费者最好选择带有“麻面”地板。第二要比较一下地板的厚度，目前市场上地板的厚度一般在 6～8.2mm 之间，选择时应以厚度越厚为好。第三要掂量一下地板的重量，要知道，地板重量主要取决于其基材的密度。因此，基材越好其密度就越高，地板也就越沉。第四是要拿起两块地板拼装一下，看其拼装的是否整齐、严密。

（2）认准正规证书和检验报告

消费者在选择地板时，不要偏信商家的口头承诺，而一定要认准商家有无公开展示的相关证书和质量检验报告。其中，相关证书一般包括地板原产地证书、欧洲复合地板协会（EPLF）证书、ISO 9001 国际质量认证证书、ISO 14001 国际环保认证证书，以及其他一些质量证书等。

（3）了解产品的绿色环保性

消费者最普遍关心的一个大问题就是地板的环保性。绿色环保地板可以满足消费者保护环境和健康的要求，因此它在价格上一般要略高于其他普通地板。

（4）了解售后服务情况

强化复合地板的安装需要专业安装人员和使用专用工具。因此，消费者一定要问清商家是否提供安装服务以及地板铺装后商家能否提供正规的保修证明书和保修卡。除此之外，消费者选购地板时还应考虑价格和花色等的问题，以便根据自己的消费档次和个人喜好，选择称心如意的产品。

2.26　如何选购实木复合地板？

在家庭装修选材过程中，应如何挑选好的实木复合地板呢？

下面的几条建议可以作为参考：

（1）关注结构

实木复合地板以多层纵横叠加，层层牵制的结构形式为最好，这种结构形式不仅具有良好的脚感，同时还克服了地板易变形的缺点。而且，高质量的三层实木复合地板甚至可以做到变形率接近于零。

（2）关注产地

辨别实木复合地板质量好坏应主要看其表面硬木层的树种和树龄。东南亚和南美一带原始森林较多，原木的质量相对较高，生产的实木复合地板质量相对也好，且成本不高。

（3）关注价格

实木复合地板因产地不同，价格也不同。一般国产品牌的产品每平方米价格在200～500元较为合理；东南亚产的价格在300～600元的可保证质量；由于南美距离较远，运输费用高，其产的实木地板的价格一般应在400～700元左右。

（4）关注品牌

实木复合地板的价格较高，因此，其售后服务尤其是安装和安装后的维护就显得尤为重要。一般来说，有一定实力的品牌地板公司能够提供专业的安装及长期的维护保证，而一般小公司很难做到。

2.27 如何选购贴面板？

贴面板是居室装修中所用的重要材料，也会直接影响到装修效果的好坏。在采购贴面板的过程中，如何判别贴面板的质量优劣呢？可以从以下四个方面着手，而这也是衡量贴面板好坏的四大标准：

（1）表皮（薄片）厚度

薄片厚度越厚，其耐用性也就越好。特别是在对其涂刷油漆后，其实木感加强，纹理更清晰，色泽更鲜艳饱和。其中，对其薄片厚度的鉴别方法为：观察板边有无砂透、有无渗胶，涂水试验后有无出现泛青、透底等现象，如果存在上述问题，则通常表皮较薄。

(2) 底板材质

底板材质以柳桉木为佳，而市场上目前多是杨木芯的。因此，可以用下面的方法对其材质进行具体判定：一看底板的重量，重者其材质大都为柳桉木或其他硬杂木，轻者为杨木；二看中板颜色，很均匀的白色或中板经染色掩盖处理的一般为杨木。三看板是否翘曲变形，能否垂直竖立，自然平放即发生翘曲或板质松软、无法竖立者即为劣质底板。

(3) 制造工艺

对于制造工艺的检查，可以从薄片刨切及拼接复贴、拼缝处理，缺陷修补工艺，砂光缺陷、底板缺陷及其他外观损伤、污染等几方面去判断。无影响装饰美观的工艺缺陷、底板缺陷、人为损伤、污染者为优等，明显可视者及有较严重缺陷者一般降为一级或合格。

(4) 板面美观及装饰性

对于板面的考察，其板面纹理清晰且排布规则、美观、色泽协调者为优，色泽不协调，出现有损美观的不规则色差，乃至变色、发黑者则要视其严重程度降为一等品或合格品。天然缺陷如黑点、节疤等，一般在正常光源下，由视力正常者在 1.5～2m 左右距离进行目测，若看不到有损美观装饰性的天然缺陷者即为优等品，明显可视者则要降为一级品，缺陷较严重者只能算合格品。

2.28　市场上常见的胶合板主要有哪几类？常见的规格有哪些？

市场上常见的胶合板按产地大致可分为：进口板、合资板、国产板 3 类。

常见的规格主要有(单位：mm)：1220×2440×3、1220×2440×5 两种；其他规格有 1220×1830×3～5；还有 915×1830×

3～5。另外，还有一种专用包门，规格为915×2135×3、1220×2135×3。除此以外的规格的胶合板均为小幅面胶合板，装修中不常用到。

多层胶合板主要是用于建筑、车辆用途的，这里不做详细说明。

选购胶合板时弄清规格尺寸很重要，消费者可以根据室内装修的面积需要来合理计算所需的材料，避免盲目因购材而造成不必要的浪费。

2.29 如何选购胶合板？

家庭装修很重要的一项是选购板材。居室里家具、吊橱、护墙板、包实木门等装饰都需要使用胶合板。面对建材市场上五花八门、良莠难分的各种类别，装修者应该依据以下几方面来选购物美价廉、适用的胶合板：

（1）规格、质量

消费者选购胶合板时，一定要注意面板质量。此外，对每张胶合板都要看清是否有鼓泡脱胶、芯板是否有较大空隙，面板是否颜色色泽一致，是否有裂缝、虫孔、撞伤、污痕、缺损以及修补贴胶纸过大等明显缺陷。

（2）颜色、花式

消费者在选择时，要考虑到油漆工序的需要。如果为体现木材花纹本色魅力而刷清漆，就不宜选择红柳桉面板的胶合板，而应选择柚木、水曲柳花纹美丽的胶合板。若装修后采用的油漆覆盖性强，则可选购红柳桉或其他素色面板。其次是要考虑场合用途，如包实木门要选购没有明显色差、裂缝、疤痕的胶合板；在厨房里吊橱柜应选用耐潮的水曲柳胶合板，而不能选用易受潮、脱胶的贴面装饰板。

（3）价格

市场上胶合板的价格千差万别，一般而言，要遵循优质优价、物有所值的原则。在家庭装修中，以选购中、低档次的胶合板为宜，如柚木、水曲柳胶合板每张不过百元；进口柳桉胶合板每张价格在 40 元左右，辅助性用途的胶合板可选购每张 30 元以内的国产板替代。家庭装修选购胶合板，要依装修档次、风格及具体财力而定。当然，做到胸中有数，货比三家才是最重要的。

2.30　选购地热采暖地板要注意什么?

地热采暖作为一种新型而且环保的采暖方式，已经越来越得到人们的认可。但怎样选择地热地板，以达到最好的采暖效果，却是很多人都不太清楚的问题。下面就介绍一下选择地热地板的基本方法：

在选择地热地板时，应根据地热采暖方式的特殊性来决定地板类型，即要求所选用的地板能够适应冷热的反复变换和利于热传导。因此，所选购的地热地板首先要求变形量小；其次，要利于热传导；最后，要能抗潮防水。总而言之，用于地热的木地板，宜薄不宜厚，宜窄不宜宽。

2.31　如何选购石膏装饰材料?

随着人们对室内装饰要求的提高和环保意识的增强，石膏装饰材料以其适当的价格、豪华气派的装饰效果和具有的独特的防水、防潮、防蛀、保暖、隔声、隔热等功能而备受人们的喜爱。但是，市场上石膏装饰材料的质量往往参差不齐。因此，要想买到理想的石膏装饰材料，一定要注意如下几点：

(1) 图案的立体感

一般来说，石膏浮雕装饰制品及宽度在 10cm 以上的石膏线，其图案花纹的凹凸应在 10mm 以上；宽度在 10cm 以下的石膏线，图案花纹的凹凸应在 6mm 以上，且要求做工精细，花纹根部呈锐角状。

(2) 表面的光洁度

由于石膏浮雕装饰制品的图案花纹在安装刷漆时不能再做磨砂等处理，因此，对其表面的光洁度要求很高，只有表现细腻、手感光滑的石膏浮雕装饰制品安装刷漆后，才会有好的装饰效果；反之，就会给人以粗制滥造之感。

(3) 产品的厚薄

石膏系气密性胶凝材料，因此，其浮雕装饰制品必须具有相应的厚度，使分子间亲合力达到最佳，从而保证一定的使用年限并在使用期内保持完整。质量好的石膏线的平均厚度应在8mm以上，如果石膏浮雕装饰制品过薄，不仅使用年限短，安全性能差，而且在运输及安装过程中的破损率较大。目前市场上的部分石膏产品，因厂家片面追求利润，采取将石膏线边缘做厚而中间做薄的手段，蒙骗消费者。对这样的石膏线有两种鉴别方法：一是重量鉴别，一根宽10cm、长2.44m的石膏线标准重量应小于2.3kg，不同长度的石膏线可按此比例来推算；二是看锯断的石膏线其截面的厚度是否达到8cm。

(4) 商标和检验报告

目前，石膏制品检验的标准主要有GB 6566—2001《室内装饰装修材料建筑材料放射性核素限量》、GB 8624—1997《建筑材料燃烧性能分级方法》、GB/T 5464—1999《建筑材料不燃性试验方法》和GB 9776—88《建筑石膏》、GB 9777—88《装饰石膏板》各项性能技术指标等。

(5) 生产厂家

在选购石膏装饰材料时，应尽可能选用知名度高、规模大、信誉好、符合国家标准的生产厂家所生产的产品，以免造成装修污染，致使放射性元素长留室内，对人体健康造成极大的危害。

2.32 如何选购玻璃胶?

玻璃胶在建筑装饰材料中是一种很不起眼的辅助材料，但在建筑施工和室内装修中却起着非常重要的作用。玻璃胶能黏结的材料有很多，如玻璃、陶瓷、金属、硬质塑料、铝塑板、石材、木材、砖瓦、水泥等。怎样才能选购使用效果好、黏结性强、颜色纯正、价格相当的玻璃胶呢？下面就介绍几种方法：

（1）认品牌

有效的注册商标，鲜明的形象识别，合理的价格定位，完善的售后服务，是品牌产品的认定标准。

（2）看包装

在选购玻璃胶时，一看其纸箱上有无品名、厂名、规格、产地、颜色、出厂日期，还包括纸箱内有无合格证、质保证书、产品检验报告等；二看其胶瓶上的用途、用法、注意事项等内容表述是否清楚完整；三看其净含量是否准确，因为，按照国家规定，厂家必须在包装瓶上标明规格型号和净含量(单位 g 或 mL)。

（3）验胶质

在选购玻璃胶时，为检验胶质，应做到一闻气味，二比光泽，三查颗粒，四看气泡，五检验固化效果，六测试拉力和黏度。

2.33 人造大理石都有哪几种类型?

现代建筑事业的发展，对装饰材料提出了轻质、高强、美观、多品种的要求。这就为人造饰面石材应运而生提供了机遇。因为，人造石材重量轻、强度高、耐腐蚀、耐污染、施工方便、花纹图案可人为控制，是现代建筑理想的装饰材料。其中，人造大理石便是人造石材中的一种，按生产所用原材料及生产工艺可将其划分为四类：

（1）水泥型人造大理石

这种人造大理石是以各种水泥作为胶粘剂的，其中，砂为细骨料，碎大理石、花岗石、工业废渣等为粗骨料，经配料、搅拌、成型、加压蒸养、磨光、抛光而制成，俗称水磨石。

（2）聚酯型人造大理石

这种人造大理石是以不饱和聚酯为粘结剂，与石英砂、大理石、方解石粉等搅拌混合，浇铸成型，在固化剂作用下产生固化作用，经脱模、烘干、抛光等工序而制成的。中国多用此法生产人造大理石。不饱和聚酯光泽好、颜色浅，可调成不同的鲜明颜色，这种树脂黏度低、易于成型、固化快，可在常温下固化。

（3）复合型人造大理石

这种人造大理石是以无机材料和有机高分子材料复合组合而成的。用无机材料将填料粘结成型后，再将坯体浸渍于有机单体中，使其在一定条件下聚合。对板材而言，底层应当选用低廉而性能稳定的无机材料，面层则应选用聚酯和大理石粉制作的复合型材料。

（4）烧结型人造大理石

这种人造大理石是将长石、石英、辉石、方解石粉和赤铁矿粉及少量高岭土等混合，用泥浆法制备坯料，然后用半干压法成型，在窑炉中用高温烧结而成。

上述四种人造大理石装饰板中，最常用的是聚酯型，因为它的物理、化学性能最好，花纹容易设计，有重现性，用途广泛，但其价格相对较高；最便宜的是水泥型，但它的抗腐蚀性能较差，容易出现微裂纹，只适合于作板材。其他两种生产工艺复杂，应用很少。

2.34 如何鉴别石材的质量？

石材是一种重要的装饰材料，人们去选购石材，一般可以从以下四方面来鉴别加工好的成品饰面石材的质量好坏：

（1）观

即用肉眼观察石材的表面结构。一般来说，均匀细料结构的石材具有细腻的质感，为石材之佳品；粗粒及不等粒结构的石材其外观效果较差，机械力学性能也不均匀，质量稍差。另外，由于地质作用的影响，天然石材内部会出现一些细脉动、微裂隙等，破裂也最容易沿这些部位发生，应注意剔除。至于缺棱少角更是影响美观，选择时尤应注意。

（2）量

即量石材的尺寸规格。以免影响拼接，或造成拼接后图案、花纹、线条的变形，影响装饰效果。

（3）听

即听敲击石材的声音。一般而言，质量好的，内部致密均匀且无显微裂隙的石材，敲击时能发出清脆悦耳的声音；相反，若石材内部存在明显微裂缝隙、细脉或因风化导致颗粒间接触变松，敲击时则会发出暗哑的声音。

（4）试

即用简单的试验方法来检验石材质量的好坏。通常在石材的背面滴上一小滴墨水，如墨水很快四处分散浸出，即表示石材内部颗粒较松或存在显微裂隙，石材质量不好；反之，若墨水滴在原处不动，则说明石材致密、质地好。

2.35　装修所用的涂料都有哪几种?

家庭装修所用的涂料，按稀释溶剂的不同，可分水性漆和油性漆；按涂装部位的不同，可分为墙面漆、木器漆和金属漆。一般家居用得最多的墙面漆是乳胶膝，它的特点是无刺激性气味、快干，省时省力，持久不褪色、防霉抗碱。另外，其良好的延展性可以预防墙面发生细缝，适用于大面积的室内、外涂装等。用乳胶膝喷刷后的墙面呈现柔和光泽，而且能制造丝光、缎光、哑光等光泽花样。除了乳胶膝外，还有木器漆和金属漆等。其中，木器漆主要包括硝基漆、聚氨酯漆等；金属漆主要是指磁漆。

2.36　家庭装修中一般用什么材料装饰墙面?

在家庭装修中，一般采用乳胶漆、墙纸、陶瓷墙砖、壁布、壁纸、木板饰面等装饰墙面。下面分别介绍一下它们各自的特点。

（1）乳胶漆

乳胶漆的特点可归纳为：适应范围广，施工简便，无毒、安全，色彩丰富，维护保养容易。

（2）陶瓷墙砖

陶瓷墙砖是家庭装修中必不可少的墙体装饰材料，它吸水率低，抗腐蚀、抗老化能力强。其特殊的耐湿潮、耐擦洗、耐候性的性能，是其他材料无法取代的。而且其价格低廉，色彩丰富，是家庭装修中厨房、卫生间、阳台墙面理想的装修材料。

(3) 壁布

壁布表层材料的基材多为天然物质，质地柔软，装修后使用更为安全可靠。而且其产品对人体无刺激、柔韧性好、不易断裂、吸声、无味、无毒，因此，特别适合于老人、儿童居住的卧室及客厅、餐厅等全家欢聚场所的墙面装修。

(4) 壁纸

壁纸作为墙面装饰材料，它的主要特点如下：装饰效果强烈，应用范围较广，维护保养方便，且使用安全。

(5) 木板饰面

一般在9厘底板上贴上3厘的饰面板，可做出各种造型。而且，木饰面板具有各种天然的纹理，可给室内带来华丽的效果。

2.37 如何判断和鉴别乳胶涂料？

乳胶涂料是家庭装修中常用的材料，它的好坏将直接影响到装修效果。下面着重介绍一下如何判断和鉴别它们的方法：

(1) 开罐效果

好的乳胶涂料开罐后无分水、无淀粉、无锈蚀、无霉变。

(2) 施工效果

好的乳胶涂料在施工的时候无刷痕、辊痕，单位涂刷面积大，遮盖力好。其中，遮盖力是指把涂料均匀地涂刷在墙体表面上，使其底色不再呈现的最小用量，以 g/m^2 表示。该数值越小越好，说明单位面积用量少。

(3) 涂抹效果

好的乳胶涂料不掉粉，遇到脏污可用水擦洗。这要求涂膜具有一定的耐洗刷性，在国家标准GB 9756—95《合成树脂乳液内墙涂料》中，规定合格品的耐洗刷次数不小于100次，一等品不小于 300 次。

（4）涂抹色彩

好的乳胶涂料涂抹起来色调柔和而且不发花。

2.38　在选择乳胶涂料时应注意哪些问题？

现在市场上的乳胶涂料品牌很多，价格差别不大，选择起来很容易挑花了眼，所以，在选择乳胶涂料时应注意以下问题：

（1）品牌

尽量选用名牌或有品牌的产品，同类产品对标有国家环保产品标志的应优先选用。这些产品的生产企业规模大、产量高、管理严格，因而产品质量很有保证。

（2）标识

在乳胶涂料的包装桶上应有商标、生产厂家名称、生产日期、重量等较为重要的标识及数据。

（3）渠道

选购乳胶漆的时候，最好在建材商城或专卖店购买，这些商家比较注重进货渠道及商品信誉，产品质量较有保证。千万不要贪图便宜，在一些杂货店里购买价格低廉的产品。

另外，在购买是一定要检查该乳胶涂料是否有发霉、锈蚀、严重分水或特殊的气味。

2.39　怎样用简单的方法识别环保涂料？

消费者如何在各种各样的装饰涂料中识别出环保涂料呢？

（1）望

看外观，看说明书是否标明了主要成分，其中是否含有有毒物质，有何毒害等。

（2）闻

闻一下是否有刺激性气味。

（3）问

询问产品是否经过有关权威机构的检测，是否安全（一般权威机构是指质量技术监督局授权的机构)。

(4) 切

用手摸，感觉一下是否有烧灼感，手摸部位是否产生了红斑，环保涂料应无烧灼感。

另外，涂料最好选无机或水溶性的。

2.40 如何选购油漆?

油漆是家庭装修中的重要一环。高质量的油漆不但可以弥补前期装修的缺陷，而且可以提高整个装修的品位和档次，为家居赋予更丰富的修养与内涵。但油漆质量的优劣从外观上来看并无明显差异。下面介绍几种简易的选择油漆的方法:

(1) 看包装

将油漆桶提起来，晃一晃，如果有稀里哗啦的声音，说明包装严重不足，缺斤少两，粘度过低。正规大厂生产的油漆，装桶后，晃一晃几乎听不到声音。

(2) 看用量

向商家咨询油漆的涂刷遍数和涂刷面积，计算用量和每平方米材料成本，不要被每桶油漆的单价所蒙骗。

(3) 看配套

质量好的产品往往专业性更强，根据板材的纹理、色泽、结构及使用对象的不同而有不同的设计和严格的工艺要求，并提供技术指导和售后服务。正规厂家都会提供色彩丰富的样板色卡。

油漆宜选硝基及聚酯类产品，因为这类产品的有害成分挥发较快，成膜也快。其中，水溶性木器清漆和磁漆的环保效果最好，具有无毒无味、表面干燥速度快(仅 1h)、色彩丰富、颜色准确、符合环保要求的特点。

2.41 陶瓷墙砖分为哪几类?

陶瓷墙砖是家庭装修中必不可少的墙体装饰材料，它的吸水率低，抗腐蚀、抗老化能力强。其特殊的耐湿潮、耐擦洗、耐候性，是其他材料无法取代的，而且它价格低廉，色彩丰富，是家庭装修中厨房、卫生间、阳台墙面理想的装修材料。

用于墙面装修的陶瓷墙砖，可以分为两类。第一类是釉面砖，这种砖的表面涂有一层彩色的釉面，经加工烧制而成，色彩变化丰富，易于清洗保养，主要用于厨房、卫生间的墙面装修。另一类是通体墙砖，质地坚硬，抗冲击性好，抗老化，不褪色，但多为单一颜色，主要用于阳台墙面的装修。

2.42　如何选购陶瓷墙砖?

陶瓷墙砖的种类繁多，在挑选时可采用如下方法：

(1) 了解产品

应向经销商索要产品的质量检验合格证和质检报告。

(2) 目测观察

在现场进行目测检查，观察产品有无缺袖、斑点、裂纹、轴泡、波纹等明显的质量缺陷，有以上缺陷的产品最好不要选用。

(3) 用手检测

将两块砖用手指夹住后相互撞击，声音清脆响亮的为合格产品，声音低沉闷浊的则有内在的质量缺陷。

(4) 色差辨别

购买墙砖一般采用一次性购买方式，且数量较大，如果多个包装之间存在明显色差，装修效果就会受到很大的影响，所以，要对所有包装的产品进行抽样对比，观察色差的变化，色差大的不能选用。

(5) 尺寸检查

要对陶瓷墙砖的规格尺寸进行逐一检验，尺寸误差大于 0.5mm、平整度大于 0.1mm 的产品，不仅会增加施工的难度，而且会严重影响装修效果。

(6) 吸水率测试

品质好的墙砖，吸水率很低。吸水率较高的墙砖经冷缩热胀后会导致瓷砖表面龟裂及整块墙地砖剥落。如果住房所处的地理位置四季分明而又潮湿，更需要注意这个问题。若墙砖没有注明吸水率，则可以用水滴在墙地砖的背面，数分钟后视察水滴的扩散程度，越不吸水，即表示吸水率低，品质较佳。

2.43 地砖分为哪几种类别？各有什么特点？

地砖通常分为釉面砖和通体砖。

(1) 釉面砖

釉面砖是由瓷土经高温烧制成坯，并经施釉二次烧制而成，产品表面色彩丰富、光亮晶莹。

(2) 通体砖

通体砖市场里又叫玻化砖、抛光砖等，是将岩碎屑经过高压压制而成，表面抛光后坚硬度可与石材相比，吸水率更低。一般常见的通体砖包括陶瓷锦砖(俗称“马赛克”)、高温砖、过底砖等。

① 陶瓷锦砖的体积是各种瓷砖中最细小的，通常俗称为块砖。因其面积小巧，铺砌作地板，不易让人滑倒，特别适合湿滑环境。

② 高温砖是以高温高压制成的瓷砖，较普通用来铺地的瓷砖具有更高的抗磨损能力。一般高温砖的表面都相当光滑，但品质佳的砖面，经过特别处理，即使沾水，也不容易滑倒。

③ 过底砖是整块以同一材料制成的，不分底层、表层，即使遭到刮割、磨损，也不会露出另一种颜色的物料。而且这种砖的抗磨损能力也相当强，适合用于走动量大的场所。

2.44 门窗都分为哪几类？

门窗是装修中必须要装饰的部位，目前市场上对于门窗的装修方案也多种多样，但因为其形式灵活，且分类比较复杂，因此，不少消费者不清楚所要装饰的门窗到底属于什么种类，应该怎样装饰。下面就介绍一下有关门窗的分类：

(1) 按门窗的开启方式分类

① 平开门窗——门窗扇向内开或向外开。

② 推拉门窗——门窗扇启闭采用横向移动的方式。

③ 折叠门——开启时门扇可以折叠在一起。

④ 转门窗——门窗扇以转动方式启闭。主要包括上悬窗、下悬窗、中悬窗、立转窗等。

⑤ 弹簧门——装有弹簧合页的门，开启后会自动关闭。

⑥ 其他门——包括卷帘门、升降门、上翻门等。

(2) 按门窗的材料分类

木门窗、塑料门窗、铝合金门窗、钢门窗、玻璃钢门窗等。

(3) 按门窗的功能分类

百叶门窗、保温门、防火门隔声门等。

(4) 按门窗的位置分类

门分为外门和内门。窗则分为侧窗(设在内外墙上)和天窗。

2.45　铝合金门窗有哪些特点?

铝合金门窗的造价比较低廉，方便耐用，而且具有如下特点：

(1) 质轻、高强

铝合金材料多是空芯薄壁的组合断面，方便使用，重量较轻，且截面具有较高的抗弯强度，所做成的门窗经久耐用，且变形小。

(2) 密封性能好

铝合金本身易于挤压，型材的横断面尺寸精确，加工精确度高。可选用防水性、弹性、耐久性都比较好的密封材料，例如橡胶压条和硅酮系列的密封胶进行密封。

(3) 造型美观

铝合金表面经阳极电化处理后，可呈现古铅肝铜、金黄、银白等色，可以供销费者挑选，且经过氧化后表面光洁闪亮，显得大方气派。而且铝合金门窗的窗扇框架大，可镶嵌较大面积的玻璃，使室内光线充足明亮，还增强了室内各立面的虚实对比，使居室更富有层次。

(4) 耐腐蚀性强

铝合金氧化层不褪色、不脱落，不需涂漆，易于保养，不用维修。

2.46 选购塑钢门窗时应注意些什么?

塑钢门窗是新一代门窗材料，因其抗风压强度高、气密性和水密性好，空气、雨水渗透量小，传热系数低，保温节能，隔音隔热，不易老化等优点，正在迅速取代钢窗、铝合金窗，而走进千家万户。但在装修选购过程中，面对市场上品牌众多的塑钢门窗，不少消费者感觉无从下手，下面就介绍一下选购塑钢门窗的注意事项：

(1) 不买廉价塑钢门窗

好的塑钢门窗的塑料质量、内衬钢质量、五金件的质量等都较高，寿命可达到十年以上。而廉价塑钢门窗使用的型材，碳酸钙含量超过 50%，且其添加剂中含有铅盐，因此稳定性差，且影响人体健康。还有的塑钢门窗其内衬钢是热轧板的，厚度不够，有的甚至没有内衬钢，玻璃、五金件也都是劣制品，使用寿命只有二三年。

(2) 重视表面质量

好的塑钢门窗其表面的塑料型材色泽为青白色或象牙白色，洁净、平整、光滑，大面无划痕、碰伤，焊接口无开焊、断裂。

(3) 重视玻璃和五金件

玻璃应平整、无水纹。玻璃与塑料型材不直接接触，有密封压条贴紧缝隙。且好塑钢门窗的五金件齐全，位置正确，安装牢固，使用灵活。

2.47 选购防盗门时应注意些什么?

防盗门关系到居家的安全性，因此一定要慎重选购，下面就介绍一下选购防盗门的注意事项：

(1) 材质要厚实

防盗门的管材板厚一般不低于1.2mm，钢管的表面处理光洁度高、无毛糙起泡；且材质厚实的钢管敲打起来音质好，手感稳重。

(2) 结构要合理

附带门框的防盗门更坚牢保险，而且便于夏天装纱窗。门栅栏钢管的间距应不大于6cm(手伸不进来最好)。

(3) 锁具要实用

多保险功能的防盗锁，室内外都能开启或锁定，并在门上安装门锁保护铁板，使无钥匙者难以撬动。

2.48　木门都有哪几种类型？各有什么特点？

门是居者给外人的第一印象，来访者总是未进家先见门。门不仅仅是空间的隔断，还显示了居家主人的品位和追求。特别是近年来，随着生活品质的不断提高，越来越多的人喜欢用木门，也越来越注重木门的材质，那么，按材料划分木门可分为几种呢？

(1) 实木复合门

实木复合门的门芯多以松木、杉木或进口填充材料等粘合而成，外贴密度板和实木木皮，经高温热压后制成，并用实木线条封边。一般高级的实木复合门，其门芯多为优质白松，表面则为实木单板。由于白松密度小、重量轻，且较容易控制含水率，因而成品门的重量都较轻，也不易变形、开裂。另外，实木复合门还具有保温、耐冲击、阻燃等特性，而且隔声效果同实木门基本相同。实木复合门的造型多样，款式丰富，或体现精致的欧式雕花，或体现中式古典的各色拼花，总之，不同装饰风格的门给了消费者广阔的挑选空间，因而也称实木造型门。高档的实木复合门不仅具有手感光滑、色泽柔和的特点，还非常环保，坚固耐用。

相比纯实木门昂贵的造价，实木复合门的价格一般在1200～2300元左右一扇。如较高档的花梨木门，大约2300/扇；中高档的胡桃木、樱桃木、莎比利等木门，则大约需1900/扇。除此之外，现代木门的饰面材料以木皮和贴纸较为常见。木皮木门因富有天然质感，且美观、抗冲击力强，因而价格相对较高；贴纸的木门也称“纹木门”，因价格低廉，是较为大众化的产品，缺点是较容易破损，且怕水。实木复合门具有手感光滑、色泽柔和等特点，它非常环保，坚固耐用。

（2）实木门

实木门是以取材自森林的天然原木做门芯，经过干燥处理，然后经下料、刨光、开榫、打眼、高速铣形等工序科学加工而成。实木门所选用的多是名贵木材，如樱桃木、胡桃木、柚木等，经加工后的成品门具有不变形、耐腐蚀、无裂纹及隔热保温等特点。同时，实木门因其具有良好的吸声性，而有效地起到了隔声的作用。

实木门天然的木纹纹理和色泽，对崇尚回归自然的装修风格的家庭来说，无疑是最佳的选择。实木门自古以来就透着一种温情，不仅外观华丽，雕刻精美，而且款式多样。实木门的价格也因其木材用料、纹理等不同而有所差异。市场价格从1500元到3000元不等，其中高档的实木有胡桃木、樱桃木、莎比利、花梨木等，而上等的柚木门一扇售价达3000～4000元。一般高档的实木门在脱水处理的环节中做得较好，相对含水率在8%左右，这样成型后的木门不容易变形、开裂，使用的时间也会较长。

（3）模压木门

模压木门因价格较实木门经济实惠，且安全方便，而受到中等收入家庭的青睐。模压木门是由两片带造型和仿真木纹的高密度纤维模压门皮板经机械压制而成。由于门板内是空心的，自然隔声效果相对实木门来说要差些，并且不能湿水。

模压木门以木贴面并刷“清漆”的木皮板面，保持了木材天然纹理的装饰效果，同时也可进行面板拼花，既美观活泼又经济实用。模压门还具有防潮、膨胀系数小、抗变形等特性，使用一段时间后，不会出现表面龟裂和氧化变色等现象。一般的复合模压木门在交货时都带中性的白色底漆，消费者可以回家后在白色中性底漆上根据个人喜好再上色，这也满足了消费者个性化的需求。

相较手工制作的实木门来说，模压门采用的是机械化生产，所以其成本也低。目前，市场上的模压木门多在380～500元一扇。厨房门应选择防水性、密封性好的门型以有效阻隔做饭时产生的油烟

2.49　如何选购木门？

木门是家居装修的一大亮点，幽雅精致的木门，不但起到了隔离空间的作用，更为居家生活平添了几分色彩。在选购木门的时候，应注意以下几点：

(1) 重质量

木门制造工艺的好坏直接影响着门的使用寿命，一般来说木门使用一段时间后，往往容易出现变形、开裂等现象，从而降低了门的隔声效果、密封性及各项性能。因此，制作工艺有保证的木门，因其木材含水率低，因此不易变形、开裂。木门的隔声效果则取决于门的材料及加工过程中的细节处理，由于门的隔声性能是通过减少空气流动来实现的，因此，门的密度越高，重量越沉，隔声效果也越好。除了木门本身的制作工艺外，五金件的质量也影响着木门的使用寿命。合叶是连接木门与门框的一类五金件，好的合叶具有防腐性能和良好的传动性，能够确保合叶受力均匀，不因门的自重而造成损坏。

另外，现在市场上销售的木门，其价格多是不含上漆费用的，而且门扇和门框分开计价，门框的制作用料也与门扇不尽相同。消费者买了木门后，还必须要求厂家上漆，或自行购买油漆。因为用于木门的聚酯漆具有防潮作用，所以只有选择好的漆

料才可防止木门因受潮而变形。

（2）讲功能

目前，市面上木门的款式可谓花样百出，木材与玻璃、铁艺的组合，令木门有了更为典雅、亮丽的外观，也让消费者在挑选不同功用的门时有了更多选择和搭配方式。一般情况下，大门在考虑其防盗的安全因素外，可选择美观、结实、具有厚重感的全实木门；卧室门最重要的是考虑私密性和营造一种温馨的氛围，因而多采用透光性弱且坚实的门型，如镶有磨砂玻璃的、打方格式的、造型优雅的木门；书房门则应选择隔声效果好、透光性好、设计感强的门型，如配有甲骨文饰的磨砂玻璃，或古式窗棱图案的木门，则能产生古朴典雅的书香韵致，另外，书房门应选择隔声效果好，透光性好，设计感强的门型；而厨房门则应选择防水性、密封性好的门型，以便有效阻隔做饭时产生的油烟，如带喷沙图案、或半透光的半玻璃门；卫生间的门主要注重私密性和防水性等因素，除需选用材料独特的全实木门外，还可选择设计时尚的全磨砂处理的半玻璃门型。

（3）看搭配

黑褐色的胡桃木给人感觉是尊贵稳重，而浅棕色的樱桃木则让人觉得温馨自在。木门因选用树种的不同，而呈现出变化多端的木质纹理及色泽。因此，选择与居室装饰格调相一致的木门，将会令居室增色不少。

据专业设计师的建议，首先，木门的色彩要与居室相和谐。当居室内的主色调为浅色系时，应挑选如白橡、桦木、混油等冷色系的木门；当居室内的主色调为深色系时，则应该选择如柚木、莎比利、胡桃木等暖色系的木门。木门色彩的选择还应注意与家具、地面的色调要相近，而与墙面的色彩产生反差，这样有利于营造出有空间层次感的氛围。其次，木门的造型要与居室装饰风格相一致。一般家居的装饰风格主要分为欧式、中式、简约、古典等样式，如室内的家装设计是以曲线为主流元素的，木门的款式也应以曲线形为理想的搭配方式，反之亦然。另外，木门木质的选择也应尽量与室内家具的木质相一致，以便达到最佳的居室装潢效果。

2.50　卫生间装修应遵循什么原则?

卫生间是居室中重要的组成部分，由于其实用性强、利用率高，所以更应该合理、巧妙地利用空间。在卫生间的装修过程中要注意遵循以下几个原则：

(1) 综合考虑清洗、洗浴、如厕三种功能的要求。

(2) 最好不影响卫生间的采光及通风效果，电线和电器设备的选用和设置应符合电器安全规程的规定。

(3) 地面宜采用防水、耐脏、防滑的地砖或花岗岩等材料。

(4) 墙面应用光洁素雅的瓷砖，顶棚则用塑料板材、玻璃和半透明板材等的吊板，亦可用防水涂料装饰。

(5) 卫生间的房门要选择选用不怕水的材料，例如塑钢门、PVC 门和铝/不锈钢门，或者对木门的下部做防水处理。

(6) 卫生间的浴具应有冷热水龙头。浴缸或淋浴用活动隔断分隔。

(7) 卫生间的地坪应向排水口倾斜。

(8) 卫生洁具的选用应与整体布置协调，购买浴缸时需要注意认真查看表面的光洁度，特别是铸铁和钢质浴缸，其表面是搪瓷，好的表面比较光洁，差的表面会有波状。

2.51　怎样选购淋浴间?

目前市面上的淋浴间主要分为单面式和围合式两种。单面式的是指只有开启门方向才有屏风，其他的三面是建筑墙体。围合式屏风一般是两面或两面以上的围合式屏风，包括四面围合的。

谈到淋浴间的材质，其框体部分有钢质和铝质的，玻璃部分有钢化玻璃和普通玻璃的。在价格方面，钢质框体和钢化玻璃材质的淋浴间自然要贵些。选购要检查门扇的开启是否顺畅；门扇密封度如何；是否存在缝隙；材质是否达到强度要求。

2.52 三种常见的淋浴房各适用于什么样的装修情况？

目前，在市场上所安装的淋浴房，一般分为三种：立式角形淋浴房、“一字形”浴屏和浴缸浴屏。

（1）立式角形淋浴房

这种淋浴房从外形看有方形、弧形和钻石形的；从结构看有推拉门、折叠门和转轴门的；从进入方式看有角向进入或单面进入的。其中，角向进入的最大特点是可以更好地利用有限的浴室面积，扩大使用率。

（2）“一字形”浴屏

有些房型宽度窄，或有浴缸位置但户主并不愿用浴缸而选用淋浴屏时，多用“一字形”淋浴屏。

（3）浴缸浴屏

许多住户已安装了浴缸，但却又常常使用淋浴，为兼顾此二者，也可在浴缸上制作浴屏，一般浴缸上用“一字形”缩短的，或全折叠形的浴屏较为常见，但费用很高，并不合算。

2.53 如何选购地漏？

地漏是连接排水管道系统与室内地面的重要接口，作为住宅中排水系统的重要部件，它的性能好坏会直接影响到室内空气的质量和卫浴间的异味控制。地漏虽小，但要选择一款合适的需要考虑的问题也很多。

（1）注意材质

市场上的地漏从材质上分为不锈钢地漏、PVC 地漏和全铜地漏三种。由于地漏埋在地面以下，且要求密封好，所以不能经常更换，因此选择适当的材质非常重要。其中全铜地漏因其优秀的性能开始占有越来越大的份额。不锈钢地漏因为外观漂亮，前几年颇为流行，但它造价高、镀层薄，因此过不了几年仍逃脱不了生锈的命运；而 PVC 地漏价格便宜，防臭效果也不错，但是材质过脆，易老化，尤其北方的冬天气温低，用不了太长时间就需更换，因此市场也不看好。

(2) 注意防臭

除了散水畅快外，防臭是地漏另一个关键作用。按防臭方式地漏主要分为三种：水防臭地漏、密封防臭地漏和三防地漏。水防臭地漏是最传统也最常见的。在这种地漏的构造中，储水湾是关键。这样的地漏应该尽量选择储水湾比较深的，不能只图外观漂亮，应保证的水封高度是5cm，并有一定的保持水封不干涸的能力，以防止上泛臭气。密封防臭地漏是指在漂浮盖上加一个上盖，将地漏体密闭起来以防止臭气上泛。这款地漏的优点是外观现代前卫，而缺点是使用时每次都要弯腰去掀盖子，比较麻烦。三防地漏是指集中了防臭、防堵、防污水反溢功能的地漏，它在漏口下处有一个单向开合的排水板，只有水由上向下流的时候才敞开，这种地漏结构简单，使用方便，但排水板的损耗比较严重，需要挑选质量上乘的产品以保证长时间使用。

(3) 注意尺寸

许多消费者在装修时常常最后根据装修队修整过的排水口尺寸去选购地漏，但市场上的地漏却全部是标准尺寸，所以选不到满意产品的情况时有发生。因此提醒大家，应在装修的设计阶段就现选定自己中意的地漏，然后根据地漏的尺寸去施工排水口。另外地漏箅子的开孔孔径应控制在6～8mm之间，防止头发、污泥、沙粒等污物进入地漏。

2.54　如何选购坐便器?

卫生间是装修中的重头，陶瓷卫生洁具又是卫生间中最重要的设备，因而如何选购坐便器，又是装修卫生间的重头戏。下面介绍一些基本的选购方法：

(1) 确定坐便器的冲洗方式及安装尺寸

购买坐便器前一定要先测量下水口中心距毛胚墙面的距离(即为坑距)，一般的建筑以305mm、400mm这两种尺寸的坑距为主。确定了坑距后，就是要对冲洗方式进行选择，冲洗方式的选择非常重要，因为其可能会对坐便器的冲洗效果产生重大影响。

(2) 确定坐便器类型

目前市场上，主要有两种坐便器：

① 连体式坐便器——外部没有连接部分，所以清洁方便安装容易，但价格较贵。

② 分体式坐便器——由水箱和底座两部分组成，在连接处可能会造成污垢，不宜清洁，但价格较便宜。

(3) 注意与其他卫生间制品的色调搭配

卫生间的陶瓷器具不止一件，只有让诸如坐便器、洗面器、皂盒、手纸盒、拖布池等的器具造型颜色一致或接近，才能和谐美观。

2.55 水龙头是如何分类的?

卫浴水龙头花色、式样、造型、品种五花八门，消费者在挑选的时候往往不清楚它的类别和功用，下面就从两个方面来对水龙头进行划分。

(1) 从使用功能上划分

大体有浴缸龙头、面盆龙头、厨房龙头三种，统称“三件套”，一般都有统一的风格和形式。

(2) 从结构上划分

单柄水龙头均采用目前较为流行的陶瓷阀芯作为密封件，其优点是开关灵活，温度调节简便，使用寿命长，价格在1300～1800元左右。

带90°开关的水龙头，采用陶瓷芯片密封，在传统的双手柄的基础上，把原来的橡胶密封改为陶瓷片密封，启闭时旋转手柄90°即可，分冷热水两边进行调节，其特点是开启方便，款式也比较多，价格在700～900元之间。

传统的螺旋稳升式橡胶密封水龙头，由于其出水量大，价格比较低，一般在400～500元左右，且维修简便，仍受到部分市民的欢迎。

2.56　如何选购水龙头？

挑选水龙头的基本方法是：

（1）观察亮度

由于水龙头的阀体均由黄铜铸成，并经过了磨抛成型，所以在选购时，要注意表面的光泽，手摸起来无毛刺、无气孔、无氧化斑点。

（2）操作手柄

轻轻转动手柄，看看是否轻便灵活，有无阻塞滞重感。有些很便宜的产品，虽然其价格比同类要低 3～4 倍，但却采用质次的阀芯，技术系数也达不到标准，所以在选购时不能把价格作为惟一的标准。

（3）检查细部

检查水龙头的各个零部件，尤其是主要零部件装配是否紧密，应无松动感觉。

（4）识别标记

一般来说，正规商品均有生产厂家的品牌标识，以便识别和防止假冒。而一些非正规产品或质次的产品却往往仅粘贴一些纸质的标签，甚至无任何标记。选购时一定要注意认准。

2.57　如何辨别水龙头水嘴的质量？

水龙头的水嘴是关系到水龙头质量好坏的关键部位。好的水龙头在转动或扳动手柄时应轻便、灵活无卡阻感。有卡阻感的水嘴一般都或多或少有质量问题，或是装配不当，或是调试不当，有些甚至可能是由劣质零部件装配而成。而且，在通常情况下，水嘴在接通水源前是无法被识别是否有渗漏的，但是基本可以通过检查其各连接部位有无松动感来达到目的。因为这种松动可能是导致水嘴渗漏的直接原因。最后，还应注意水嘴表面有无因电镀质量差形成的毛刺、焦灼点、某些部位无镀层，有无因铸造质量差形成的小孔和斑点等。这些都是造成水龙头水嘴出现质量问题的隐患。

2.58 浴缸分为哪几种类型以及如何选购浴缸?

市面上的浴缸，从材质上一般分为压克力浴缸、钢板浴缸、铸铁浴缸和其他材质的浴缸。从裙边上分为无裙边缸和有裙边缸。从功能上分为普通缸和按摩缸。此外，还有人造石浴缸，天然石浴缸等，它们在市面上均不多见。

每位进行家装的用户都比较在意卫生间的装修，高档美观的浴缸既美观又舒适，还能增添卫生间的艺术情调。下面就介绍一下选购浴缸时应该考虑的问题：

(1) 考虑尺寸

当选择浴缸的时候，首先要考虑的是尺寸。其次是考虑“多大”，因为即使尺码相同，也可能在深度、阔度、长度和轮廓等方面不同。此外，还必须留意到浴缸的重量，考虑家中的浴室地板能否承受。

(2) 考虑款式

在款式上，浴缸安装一般分为采用独立支脚固定和嵌在地上两种方法。若想在浴缸之上加设花洒，就要选择接近正方形的浴缸，这样淋浴时会比较方便和安全，也可以选择表面经防滑处理的款式，如果预算宽松，可以考虑安装按摩浴缸，因为按摩浴缸能够按摩肌肉、舒缓疼痛及活络关节，使奔波了一天的人们可以彻底的放松，享受洗浴的乐趣。

2.59 压克力塑胶浴缸、钢板浴缸和铸铁浴缸的区别是什么?

压克力塑胶浴缸、钢板浴缸和铸铁浴缸是市面上比较常见的三种浴缸，其性能和区别分述如下：

(1) 压克力塑胶浴缸

这种浴缸不会生锈，不会被侵蚀，而且非常轻，它是由薄片质料制成，下面通常是玻璃纤维，并以真空的方法进行处理加工而成。其厚度一般在 3～10mm，优点是触感温暖，能较长时间地保持水温，而且容易抹试干净。

(2) 钢板浴缸

这种浴缸坚硬而持久，表面是瓷或搪瓷。制作浴缸的钢通常厚度在1.5～3mm之间，比较坚固。

(3) 铸铁浴缸

这是一种重量重而且持久耐用的浴缸，它表面的搪瓷比普通玻璃钢浴缸上的要薄，清洁这种浴缸时不能使用含有研磨成分的清洁剂。此外，铸铁浴缸的缺点是水会迅速地变冷。

2.60 如何选购浴霸？

浴霸是近两年才进入家庭的家用电器。它是一种安装在浴室内的发热照明装置，类似于顶灯，能提高室内温度。选购一台优质的浴霸应该注意哪些事项呢？

(1) 包装

质量好的浴霸的外观应光洁滑爽，图文印刷应精致清晰。

(2) 零配件

浴霸产品应附有开关板、接线盒和排风口。产品包装内还应附有说明书、产品合格证和安全指南。

(3) 面罩

浴霸表面应光洁、耐高温、阻燃等级高。如被众多消费者喜爱的“奥普”三合一浴霸，由于采用了美国通用电器公司的塑材，可以耐200℃的高温。

(4) 红外线取暖灯

由于材质的原因，国内有些厂家的灯泡防爆性能差，热效率低。一些优质的品牌采用了石英硬质玻璃，热效率高、省电，并经过了严格的防爆和使用寿命的测试。

(5) 柔光照明灯

优质的柔光灯发光效率高、使用寿命长。一般来说，一些国际著名品牌较能保证质量。如有的产品采用的是GE(美国通用电器)、PHILIPS(飞利浦)、OSRAN(德国欧司朗)等品牌的照明灯，光亮度好，使用寿命也长。

（6）灯头与灯座

普通灯泡的灯头与灯泡玻璃壳在高温情况下容易脱落。优质的浴霸一般在灯头和灯泡之间采用螺纹连接的方式，比较牢固。而且，由于大功率的灯泡经常开关会使灯座的导电圈脱落。好的浴霸一般是采用联体设计的瓷座，以保证用户永久无维修灯座之苦。

（7）马达

良好的马达(微型电机)一般都有热温安全保险装置，当电压不稳、温度较高时，可自动安全跳闸，待恢复正常后又可返回到工作状态。为了保证在浴室潮湿的条件下马达不致生锈，追求高品质的浴霸常常是采用不锈钢的旋杆。

2.61　如何选购五金配件？

五金配件在装修中的应用越来越广泛，也已成为现代家装的重要组成部分。其一般分为功能五金件和装饰五金两大类型。功能五金件是指能实现家具中某些功能的五金配件，如连接件、铰链和滑道等。这些五金配件体积小，作用大，因此，在选购时应特别注意：

（1）看工艺

在购买时，首先要仔细观察外观工艺是否粗糙，然后以手折合几次看开关是否自如，有没有异常噪声。

（2）看搭配

在选购五金配件时，要注意看所挑选的配件和家居装修的格调色彩是否搭配。

（3）看分量

在选购时，应用手掂一掂五金配件的分量，在同类产品中，分量重的产品相对来说用料较好。

（4）看品牌

尽量采用经营历史较长、知名度较高的厂家的产品。

2.62　铁制散热器、铝制散热器和钢制散热器有何区别？

目前市场上销售的散热器主要有铁制散热器、铝制散热器、钢制散热器三种。

(1) 铁制散热器

铁制散热器因其承压低、体积大，外形粗陋，生产能耗高等，已逐渐被市场淘汰。

(2) 钢制散热器

目前钢制散热器按款式分主要有板式和柱式两种。尤其是钢制柱式散热器，以其丰富的色彩以及漂亮的外观赢得了众多消费者的喜爱。但钢制散热器遇氧气易发生氧化腐蚀，因此，其对热水中氧气的含量有严格要求。如果保养不好，散热器会很快腐蚀以致出现漏水等问题。

(3) 铝制散热器

铝制散热器主要有高压铸铝和拉伸铝合金焊接两种。其优点有：散热性较好，节能的特点十分明显，在同样的房间里，如果用同样规格的暖气片，铝铸的片数要比钢制的少；耐氧化腐蚀性能好，不用添加任何添加剂。其原理是，铝一旦遇到空气中氧，便生成一层氧化膜，这层膜既坚韧又致密，有效地防止了对本体材料的进一步腐蚀。

2.63　如何选购散热器？

散热器是居室冬季取暖的主要工具，也是装修中可以进行美化与加工的采暖设备，下面就介绍一些挑选散热器的常识：

(1) 注意安全性

散热器的安全性能最重要。影响安全性能优劣的因素有很多，其中散热器工作压力是很重要的一个。国内外许多散热器均用 bar 作为单位，大多数工作压力均为 10bar(bar 是压强单位，1bar＝0.1MPa)以上，1bar 可承受相当于 10m 水柱的压强，10bar 即 100m 水柱压强。对于广大用户来说 10bar 或以上的散热器应该是合理的选择。

（2）注意选型

选型时应明了进出口水温、要求的室温、居室的热负荷、窗台的高和宽以及自家所用的采暖系统是单管还是双管等因素。

（3）注意厂家

看该厂商是否有多年的供暖设备生产经验，产品是否符合国家各项标准。

（4）注意售后服务

看该品牌是否能提供良好的售后服务，有无专业的水暖测量安装队伍。

（5）注意可利用空间

对于面积小的空间，例如卫生间，可以选择柱型散热器，因其采用壁挂式，可节省室内空间。对于面积较大的居室，则建议购买板式散热器，因其内部增加对流板，辐射加对流的散热方式可使室内在最短时间内达到最佳散热效果，并能节约大量能源。

（6）注意色泽

看看散热器的表面漆是否有光泽，颜色是否纯正鲜艳；表面焊点是否明显，用手触摸表面判断其是否光滑等都是选购散热器时需要考察的。

（7）注意厚度

板材的厚度能够直接影响到散热器的使用寿命，通常在1.25mm为宜，但某些生产商为了偷工减料，其板材的实际厚度要比其宣称的薄。最简单的鉴别方法就是抬起一组暖气掂掂其重量。

2.64 如何选购照明灯具?

家居常用的灯具种类大致有吊灯、壁灯、吸顶灯、落地灯、台灯、嵌顶灯等。要根据自己的艺术情趣和居室条件来选择灯具。如今，灯已经不只是满足人们日常生活的需要，也是美化居室，调解气氛的重要手段。下面就介绍一下在选择灯具的过程中，一定要明白的两个问题：

（1）安全性

在选择灯具时不能一味地贪便宜，而要先看其质量，检查质保书、合格证是否齐全。有时最贵的并不一定是最好的，但太廉价的一定是不好的。很多便宜灯质量不过关，往往隐患无穷，一旦发生火灾，后果不堪设想。

（2）搭配性

在灯饰选择上要注意风格的一致。灯具的色彩、造型、式样，必须与室内装修和家具的风格相称，应彼此呼应。华而不实的灯饰非但不能锦上添花，反而容易造成画蛇添足的效果。在灯具色彩的选择上，除了应该与室内的色彩基调相配合之外，也可根据个人的喜爱选购。尤其是灯罩的色彩，对气氛起的作用很大。

2.65　如何选购开关与插座？

在现代家居装修中，选择好合适的开关、插座，不仅可以保证用电的安全，还将使家居装修锦上添花。家居装修时选择开关、插座应从三个方面考虑。

（1）质量

选择开关、插座首先要考虑的是产品质量。产品的外观质量，凭看、摸、听就可以比较容易地判别。但其内在的质量，消费者则一般不容易判别。好的开关、插座，其用料、做工、内部结构都非常考究。而质量差的开关、插座在制作时，则是偷工减料，内部结构不合理。如果用了质量不好的开关、插座，将会给用电安全带来很大的隐患，千万不可大意。

（2）外观

开关一般是安装在离地 1.3m、操作方便、非常显眼的地方。在家居生活中，开关也许是人们操作最为频繁的电器。开关选择得好，不仅会让人感到使用起来很舒适，而且还会为家居装修增添一处“靓”点。目前，开关的外观可谓是五花八门，各具特色。消费者可依自己的喜好、装修风格来选择。

(3) 功能

在人们的印象中，开关的概念相当简单。实际上随着现代电子技术的发展，开关的内涵已经大大的丰富了。根据人们日常活动的需要，一些国际知名的开关、插座专业制造厂商，已经研制了一批极具特色，富有个性，能大大提高家居生活情趣的智能电子开关。如：红外线感应开关、照明场景控制器、红外线遥控调光开关、各种用途的延时开关等。

2.66 厨房中的橱柜一般有哪几种组装方式?

厨房是家庭生活温馨的诠释，一个完整合理的厨房是由洗物区、料理区、烹饪区所组成，是一个舒适便利的三角工作区。在装修业内流行过一句话：“穷比厅堂，富比厨房”，虽说这种说法有一定片面性，但厨房在装修中的地位由此可见一斑。因此，在装修中，一定要合理规划和利用厨房，其中，厨房中橱柜的组合与安装是厨房装修的重头戏。下面介绍一些厨房橱柜的组装方式：

(1) 组装橱柜

这类橱柜相似于曾经流行的组合式家具，部件相对独立，且已预先进行了批量生产。它的好处是价钱通常较为便宜，组装过程简单，只是根据说明书便可一手包办。商家可依据厨房的尺寸及内部情况提供最适当的组装组合。

(2) 半组装橱柜

假如不想亲自组装，或者厨房的形状较为独特，消费者只要提供厨房面积及喜欢的质料、款式及颜色，厂商将组件制成并负责装嵌即可。它的配搭十分灵活，可以将有限的空间周全地应用。

(3) 定制橱柜

定制橱柜是三类橱柜选择中最具弹性的一种，通常由设计师包办、质料、款式、设计各方面的自由度一般都依据顾客的喜好及要求，来定造最合理的橱柜。

2.67　如何选购橱柜?

市场上的橱柜种类繁多，性能特点也各异，如何选择合适的橱柜，下面介绍一些基本的方法：

(1) 找准市场

到选择消费者满意或售后服务信得过的家居市场选购橱柜。

(2) 货比三家

选购时要货比三家，对同一款式、同一品牌的商品，要从质量、价格、服务等方面综合考虑。

(3) 因地制宜

橱柜造型要依房间尺寸而定，目前市场上的橱柜一般有直线形、U 形、L 形几种造型，许多家庭的厨房面积不大，整体橱柜可以按厨房的尺寸设计造型，充分利用空间，使厨房变得更整齐、有条理。

(4) 方便安全

厨房是家中惟一使用明火的区域，所以橱柜表层的防火能力是选择橱柜的重要标准。正规厂家生产的橱柜面层材料，是全部使用不燃或阻燃的材料制成的。

2.68　如何选购抽油烟机?

选购抽油烟机，要考虑的因素很多，如安全性、噪声、风量、主电机功率、类型、外观、占用空间、操作方便性、售价及售后服务等等。一般来讲，通过“3C”认证的抽油烟机，其安全性更可靠，质量有保证。

(1) 注意外型

目前抽油烟机的外型有薄型、平背式和立式等样子。从造型上讲，薄型要比厚型的美观，安装起来也方便。平背式抽油烟机的电机为内藏式，外观好看，而且易于清洗表面。立式的虽然豪华，但排气量大，声音不小。

(2) 注意噪声

按照国家标准的规定，抽油烟机的噪声不能超过65～68dB。

(3) 注意风量和风机功率

抽油烟机的风量和风机功率绝对不是越大越好。在达到相同抽净率的前提下，风机功率和风量越小越好，因为这样既节能省电，又可以取得较好的静音效果。但是，一般来说，抽风量越大，其抽油烟的程度越好，净化率也越高。

(4) 注意功能

现在，在国产抽油烟机的发展中，不少产品增加了一些使用功能，如照明、煤气报警、自动开关等装置。对于这些功能要一分为二地看待。虽然功能增多使抽油烟机一机多用，但是，它增加了销售价格，加大了故障率，有的甚至并不适用。例如，自动开关装置实际上是由一个灵敏度很高的气敏开关组成，当它同油烟接触次数多了，就会失灵。

(5) 注意品牌

购买抽油烟机，一定要选择商业信誉好和保修能力强的商家，一则销售的商品有质量保证，二则一旦出了质量问题，可以保修、保换或保退。最好选择最受消费者欢迎的名优产品。

2.69 家用燃气灶具一般分为哪几种类型?

家用燃气灶具一般有5种不同的分类：若按使用气种分，有天燃气灶、人工煤气灶、液化石油气灶等3种；按材质分，有铸铁灶、不锈钢灶、搪瓷灶等；按灶眼分，有单眼灶、双眼灶、多眼灶；按点火方式分，有电脉剖点火灶、压电陶瓷点火灶等；按安装方式分，有台式灶、嵌入式灶。

2.70 选购家用燃气灶具时都应注意些什么?

家用燃气灶具，由于其特殊的用途，在选购时应注意如下几点：

(1) 适合气源

在选购燃气灶时，要清楚自己家所使用的气种，是天然气、人工煤气还是液化石油气。这三类气体的热值、燃气压力各不相同，如果灶具类型与气体不符，则有可能发生危险。所以，用于不同气源的灶具千万不要混用，在选购灶具前，应先清楚所使用的燃气种类。如型号 JZ-2T-A 的家用燃气灶，J 代表家用，Z 代表灶，2 代表两眼灶，T 代表天然气。字母 R 则代表人工煤气，Y 则代表液化石油气。

(2) 规范标识

这点很重要，如果是“三无”产品，千万不要轻易购买，否则会对消费者的人身安全造成危害。一般说来，包装上应标明厂名、厂址和型号等，且每台灶具应有合格证、使用说明书，灶具的侧面板上应有铭牌(即产品商标)，而铭牌上也应标注厂名、型号，适用气体及压力、热流量及生产日期等。

(3) 控制热流量

家用燃气灶具设计的热流量值越大，其加热能力就越强，即平时所说的火力越猛。但是，实际上热流量的大小应与烹饪方式及灶具相适应，如果只追求大的热流量，会大大降低灶具的热效率，还会增加废烟气的排放量。

(4) 检测气密性

如果所选购及使用的灶具气密性不合格，则是造成安全事故的最大隐患。可采取这样一个简单的检测方法：接通气源，关闭旋钮，用皂液刷涂塑料管路、阀体及接口片，如无气体泄漏，说明气密性好，可放心购买。

(5) 查看机体质量

燃气灶的外观应美观大方，机体各处无碰撞现象。用手按压台面，应无明显翘度；用手握住灶具两对角来回拧动，灶具应不会变形。灶具的面板材料不能使用马口铁(可用磁铁吸附来区分是否马口铁或不锈钢材料)；一些以铸铁、钢板等材料制作的产品表面喷漆应均匀平整，无起泡或脱落现象。燃气灶的整体结构应稳定可靠，灶面要光滑平整，无明显翘曲，零部件的安装要牢固可靠，不能有松脱现象。灶具的炉头、火盖应加工精细，无明显的毛刺。

(6) 试验点火开关

点火开关的位置，即打开(ON)和关闭(OFF)以及大、小火的位置(一般都有图案标识)应标注清晰准确；用电子点火开关点火时，声音应清脆有力。如果打火的声音软绵绵的，且声音发闷，那就很可能是伪劣产品。一般合格的灶具点火开关连续使用寿命在6000次以上，且旋塞气密性仍然合格；而劣质产品点火器的次数都在2000次以下。一般情况，合格产品如果连续点火10次，点燃的次数不得少于8次，且所有的火孔应该在4秒时间内全部燃遍。

(7) 观察火焰燃烧状态

这是灶具燃烧质量的重要体现，一般情况，燃烧时火焰应呈淡蓝色(有时可能会呈桔红色，这说明燃气内有杂质或少量的空气，但不影响正常使用)。点燃后，调节火焰大小控制钮，大、小火应层次明显，燃烧稳定。即便是调节到最小状态，或把气门关小，仍能正常燃烧，不跳火，不熄火，不回火。

2.71 PVC吊顶材料有什么优点？如何鉴别其质量好坏？

PVC吊顶材料以PVC为原料，经加工成为企口式型材，具有重量轻、安装简便、防水、防潮、防蛀虫的优点，它表面的花色图案变化也非常多，并且耐污染、好清洗、有隔声、隔热的良好性能，特别是新工艺中加入了阻燃材料，使其能离火即灭，使用更为安全。它成本低、装饰效果好，因此在家庭装修吊顶材料中占有重要位置，成为卫生间、厨房、阳台等吊顶的主导材料。

在选购PVC吊顶材料时，一定要向经销商索要质检报告和产品检测合格证。目测时，外观质量板面应平整光滑，无裂纹、无磕碰，能装拆自如，表面有光泽，无划痕。用手敲击板面时，声音清脆。

在PVC吊顶材料的检查测试报告中，产品的性能指标应满足：热收缩率小于0.3%，氧指数大于35%，软化温度在80℃

以上，燃点300℃以上，吸水率小于15%，吸湿率小于4%。

2.72　如何选购吊顶龙骨？

龙骨是装修吊顶中不可缺少的部分，主要包括木龙骨和轻钢龙骨。使用木龙骨时要注意木材一定要干燥。现在家庭装修大部分选用不易变形、具有防火性能的轻钢龙骨，挑选时要注意龙骨的厚度，最好不低于0.6mm。吊顶金属龙骨一般由轻钢和铝合金制成，具有自重轻、刚度大、防火抗震性能好，加工安装方便等特点，按型材断面分，有U形龙骨和T形龙骨。

其中，龙牌隔墙龙骨具有自重轻、强度高、防腐性好等优点，可作为轻质隔墙的骨架材料，主要与纸面石膏板及其制品配套使用，也可以与其他板材如GRC板、FT板、埃特板等材料配套使用。

2.73　原板镀锌龙骨和后镀锌龙骨有什么区别？

装修时应注意不易生锈的原板镀锌龙骨和后镀锌龙骨的区别。原板镀锌龙骨俗称“雪花板”，上面有雪花状的花纹，强度也高于后镀锌龙骨。另外装修时最好选用不易生锈的原板镀锌龙骨，避免使用后镀锌龙骨。

2.74　石膏板吊顶为什么常常不平整？如何预防？

石膏板是目前应用比较广泛的一类新型吊顶装饰材料，具有良好的装饰效果和较好的吸音性能，较常用的有浇筑石膏装饰板和纸面装饰吸声板。浇筑石膏装饰板具有质轻、防潮、不变形、防火、阻燃等特点。并有施工方便，加工性能好，可锯、可钉、可刨、可粘结等优点。纸面装饰吸声板具有防火、隔声、隔热、抗振动性能好、施工方便等特点。

但石膏板吊顶却常常不够平整，出现不规则的波浪，原因如下：

(1) 任意起拱，形成拱度不均匀。

(2) 吊顶周边有格栅或四角不平。

(3) 木材含水率大，产生收缩变形。

(4) 龙骨接头不平有硬弯，造成吊顶不平。

(5) 吊杆或吊筋间距过大，龙骨变形后易产生不规则挠度。

(6) 受力节点结合不严，受力后产生位移变形。

如何预防石膏板吊顶的这个缺陷呢？下面介绍几种有用的方法：

(1) 吊顶木材应选用优质软质木材，如松木、杉木，其含水率应控制在12%以内。

(2) 龙骨应顺直，不应扭曲及有横向贯通断面的节疤。

(3) 吊顶方式应按设计标高在四周墙上弹线找平，打入墙钉时四周以水平线为准，蹭接水平线的起拱高度为房间短向跨度的1/200，纵向拱度应吊匀。

2.75 如何选购塑料扣板？

近年来，塑料扣板的品种日益增加。印刷、覆膜及烫印等表面装饰技术的推广应用，使板面质量大为改观，装饰性大大增强。但目前国内市场上的塑料扣板良莠不齐，优劣难辨。消费者可以用以下几种简易的识别方法去进行选购：

(1) 测量壁厚

根据《测量壁厚行业标准》(QB/T 2133—95)的规定，扣板的壁厚不能低于0.7mm，特别是使用面，一般厂家的合格产品必须要达到这个要求。

(2) 察看锯口

质量好的扣板，强度及韧性都好，板面及内筋等部位在锯断时，不会出现崩口，且锯口平齐，无毛刺、裂纹等现象，内表面及内筋断面平滑，不会有明显的气泡。但劣质扣板锯口就会出现较多毛刺，内筋及板的上下面容易出现崩口、裂纹，且内表面粗糙，内筋上气泡多。

(3) 检测强度

取一段扣板，用两手抓住横向、纵向折弯。如果是劣质板材，则很容易折断崩裂；而优质的板材，则不会出现这种情况，即使产生永久变形也不会折断或崩裂。这是检查扣板内在质量最简单有效的办法。

（4）试划印花

印花扣板的印刷图案上面有一层光膜，起保护图案和花纹的作用，该光膜必须有一定硬度，才能耐摩擦。要检察光膜的硬度，可以用指甲在光膜面上来回试划，然后观察是否会留下划痕，若出现划痕，说明保护印刷图案的上光膜的硬度不好，使用中容易划伤或碰花。

（5）粘撕光膜面

将胶粘带沿扣板长度方向均匀粘贴在扣板表面，板与胶粘带中尽量不留气泡，紧密贴合，粘贴长度 0.5m 左右，然后将胶带迅速从板面撕下。若上光膜不被剥离，则说明扣板表面附着力较好，使用中对印刷图案保护效果好；反之，则说明扣板表面上光层附着力较差，使用时，表面光膜容易剥落。

2.76　建设部规定的住宅室内装修的保修期是多少？

根据建设部《住宅室内装饰装修管理办法》的规定，自 2002 年 5 月 1 日开始，对于住宅室内装饰工程的保修，其最低保修期限为两年。

2.77　在家装过程中哪些地方容易引起纠纷？

在家庭装修中，与装修公司发生纠纷很常见，而纠纷所涉及的问题，往往是由于一开始与装修公司签订家装合同时对一些问题没有明确地作出规定而导致的。下面总结的几条，可以更好地帮助大家避免装修纠纷：

（1）材料质量的规定

现在的装修材料，有很多是由业主购买的，也有很多是装修公司包的。那么，双方都应对材料不合格而导致的结果做出责任规定。因为材料的质量往往对施工的质量起决定性因素。

(2) 施工工艺的规定

双方要避免日后的争议，就得对施工工艺做出大概的规定。当然，现在的装饰材料日新夜异，工艺也是一样，所以很难对工艺做出限制。但可以对一定的步骤作出规定，例如刷油漆要刷多少遍等。

(3) 施工结果的规定

现在有很多城市都呼吁对装修工程进行立法，用法律来规范装修行为，管理装修企业。各地也相继出台了一系列的规章制度等，对装修市场进行规范。这其中有一些是强制性标准，有一些是推荐性标准，对于推荐性标准，如果没有列入合同，则不起效力的。

(4) 施工保修的规定

这一点是涉及纠纷的关键，现在国家规定对装修施工的强制性保修是两年，其中防水等项目是五年。在保修期内，如果出现了质量问题应由施工方负责。当然，如果遇上不是全包的形式，对于质量的争议就会有问题，例如防水工程。

(5) 施工工期的规定

双方都应对工期做出明确的规定，包括了违反工期的惩罚。这一点是解决工程拖延的最佳方式。

(6) 付款方式的规定

双方应对付款做出明确的规定，包括了拖延付款的惩罚。很多业主都会用扣款或延期付款来对付应对装修中的问题，这不能不说是一个有效的办法。

2.78 如何处理装修中产生的纠纷?

装修纠纷，是装修中能经常遇到的问题。在家庭装修中，哪些地方容易引起纠纷？发生了纠纷怎么办？如何正确处理这些问题就成了确保装修顺利进行的关键。

(1) 相互体谅达成共识

在责任清楚且双方都能对问题的解决方案达到共识时，双方应尽量相互理解，继续合作。如果双方对责任争议不下，可协商各自让步，尽量把问题简化，使得纠纷双方都能共同接受处理办法，各自做出让步。

(2) 请求仲裁做出裁定

在双方协商中无法解决的问题，可以通过技术部门来进行鉴定，采取仲裁的方式。但技术部门往往只能起鉴定的作用，并不能有效解决争端。

(3) 诉诸法律寻求强制力

如果根据技术部门所做出的仲裁，纠纷还是无法解决的话，那只有通过法院来解决问题了。这是一种最无奈的解决方法，因为双方都得浪费时间、浪费金钱，而且绝大部分的结果都是双方走向决裂。

第3章

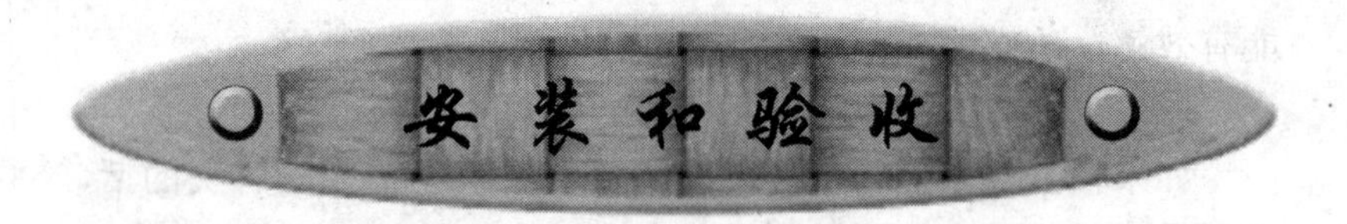

对于绝大多数装修者来说，家居装修就一个字：累！没有知识不行，信息少了也不行，脑子里要想着，心里要记着，耳朵老竖着，眼睛死盯着……有人说，好方案＋好材料＋好工艺＝满意的家居；好方案＋好材料＋好监理＋好工艺＋好验收＝放心的家居。可见，在家装中，安装和验收是多么重要的两个部分。如果说前两章主要讲解了一些概念上的知识，那么，这一章则更多地涉及“实战”的内容。没有安装的环节，再好的设计也只是空谈；没有验收的环节，再华美的装修也让人放心不下。接下来，让我们一起走上装修的“第一线”吧。

3.1 家居装修一般从哪些方面进行验收？

简单的说，家庭装修一般从五个方面进行验收，即：水、电、瓦、木、油。

（1）水：包括对水池、面盆、洁具、给排水管、暖气的验收。

（2）电：包括对电源（插座、开关、灯具）、电视、电话的验收。

（3）瓦：包括对瓷砖（湿贴、干贴）、石材（湿贴、干挂）的验收。

(4) 木：包括对门窗、吊顶、橱柜、墙裙、暖气罩、地板的验收。

(5) 油：包括对油漆(清油、混油)、涂料、裱糊、软包的验收。

3.2 装修验收分几步走?

装修验收分五步走：

(1) 装修材料的验收

为保障双方权益，如果由装修公司代购装修材料，那么就应该由客户在现场对材料进行验收。在客户签字认可后，装修公司才能进行施工。反过来，如果由客户自行购买材料，那么就应该由施工负责人、工程监理在现场对材料进行验收。在施工负责人、工程监理确保材料质量无问题签字后，客户才可以使用自己购买的材料。

具体来说，验收材料时要注意四点：

① 约好验收时间

最好能够在材料进场时立即对其进行验收。因此，双方应该约定好验收的时间，以免出现材料进场时，另一方没有时间对材料进行验收，从而影响到施工进度的问题。

② 约定到场人员

家装合同中应注明材料验收时应到场的验收人。若合同甲乙双方没有足够留意这一点，那么就很有可能遇到验收材料时合同中约定的的验收人不到场，或验收人到场却没有负起验收责任的问题。

③ 遵照验收程序

验收人应该对合同中约定的每一种材料进行必要的检查，例如材料的质量、规格、数量等，并严格按验收程序进行。

④ 签收验收单

如果材料合格，合同中约定的验收人就应该在材料验收单上签字，避免出现合同甲乙双方相互扯皮、责任不清的现象。

（2）装修隐蔽工程的验收

家庭装修中的隐蔽工程是指隐蔽在装饰表面内部的管线工程和结构工程，包括水路、电路、防水、阳台垫高、吊顶、包管等。隐蔽工程的验收应由客户、工程监理、施工负责人三方共同参与，待三方验收合格签字后施工才能继续进行。

（3）装修中期验收

装修中期的验收主要包括对水、电、瓦的验收。

（4）装修尾期验收

装修尾期的验收主要包括对木、油、金属、泥工、杂项的验收。

（5）装修后期维护

装修后期维护主要指合同中对保修期的约定及对保修期内出现的质量问题的解决。

3.3 防水工程的验收应符合什么标准？

以《北京市家庭居室装饰质量验收标准》为例，防水工程（包括卫生间、厨房）的验收应符合下列标准：

（1）防水施工宜用于涂膜防水材料。

（2）防水材料性能应符合国家现行有关标准的规定，并应有产品合格证书。

（3）基层表面应平整，不得有空鼓、起砂、开裂等缺陷。基层含水率应符合防水材料的施工要求。

（4）防水层应从地面延伸到墙面，高出地面250mm。浴室墙面的防水层高度不得低于1800mm。

（5）防水水泥砂浆找平层与基础结合密实、无空鼓，表面平整光洁，无裂缝、起砂，阴阳角做成圆弧形。

（6）涂膜防水层应涂刷均匀，厚度满足产品技术规定的要求，一般厚度不少于1.5mm，不露底。

（7）使用施工接茬应顺流水方向搭接，搭接宽度不小于100mm，使用两层以上玻纤布上下搭接时应错开幅宽的二分之一。

(8) 涂膜表面不起泡、不流淌、平整无凹凸，与管件、洁具地脚、地漏、排水口接缝严密，收头圆滑不渗漏。

(9) 保护层水泥砂浆的厚度、强度必须符合设计要求，操作时严禁破坏防水层，根据设计要求做好地面泛水坡度，排水要畅通、不得有积水倒坡现象。

(10) 防水工程完工后，必须做24h蓄水试验。

3.4 卫生器具和管道安装工程的验收应符合什么标准?

以《北京市家庭居住装饰工程质量验收标准》为例，卫生器具(包括厨房、卫生间的洗涤、洁身等卫生器具)和管道安装工程的验收应符合下列标准：

(1) 卫生器具的品种、规格、外形、颜色应符合设计要求，管材管件洁具等产品的质量应符合国家现行标准的规定。

(2) 管道安装横平竖直铺设应牢固无松动，坡度应符合规定要求。嵌入墙体和地面的暗管道应进行防腐处理并用水泥砂浆抹砌保护。

(3) 冷热水安装应左热右冷，安装冷热水管平行间距不小于20mm，当冷热水供水系统采用分水器时应采用半柔性管材连接。

(4) 龙头、阀门安装平正，位置正确便于使用和维修。

(5) 各种卫生器具与石面、墙面、地面等接触部位均应使用硅酮胶或防水密封条密封，各种陶瓷类器具不得使用水泥砂浆窝嵌。

(6) 浴缸排水口应对准落水管口做好密封，不宜使用塑料软管连接。

(7) 给水管道与附件、器具连接严密，通水无渗漏。

(8) 排水管道应畅通，无倒坡，无堵塞，无渗漏。地漏箅子应略低于地面，走水顺畅。

(9) 卫生器具安装位置正确，牢固端正，上沿水平，表面光滑无损伤。

3.5 验收卫生洁具时需要注意哪些方面?

验收卫生洁具时需要注意以下方面:

(1) 给排水

检查给水管是否存在凹凸弯扁的缺陷,是否与进水管、排污口严密连接,是否存在渗漏,排水是否通畅。

(2) 地漏

检查地漏的安装是否平正、有无渗漏,是否安装在地面最低处,其箅子顶面是否低于设置处地面 5mm,是否做了防腐处理(宜采用沥青漆两遍),其水封深度是否不小于 50mm,扣碗安装位置是否正确。检查时可以采用在地面上泼水的方法,观察地面上的水是否流向地漏处,是否在地面上有残留。

(3) 淋浴房和淋浴盆

淋浴房应严格按照组装工艺进行。组装好的淋浴房的外观要求整洁明亮,挡门和移门应相互平行、垂直、左右对称,两扇移动门均应开闭方便、闭合无缝隙、不渗漏水。淋浴房与淋浴盆之间应用硅胶密封,防止渗水。

(4) 立盆和台盆

① 盆面应水平,冷、热水接头的装接部位应位于面盆下端,冷、热水的水龙头上应有明显的识别标志。

② 立盆下部底脚与地坪之间应牢固连接,安装后底脚四周应用硅胶密封,要求无渗漏。

③ 台盆的固定应牢固,台下应用木柜支撑。无柜的台盆,应用铁架与墙面固定后托住台盆板,靠墙铺贴块材面层做挡水立板(一般为 8～12cm)。

④ 台面板外侧宜挂贴 10～12cm 裙板,可起到遮盖铁架的作用。安装完毕靠墙处及面盆四周应用硅胶密封,要求无渗漏。

(5) 坐便器

① 检验坐便器的坑距是否合理:坑距过小水箱就会“进

墙”，过大坐便器与墙面之间就会留下较大空距，二者都会影响到坐便器的外观和实际使用。

② 坐便器的安装应牢固，宜采用膨胀螺栓而不是木螺钉来固定坐便器。

③ 坐便器底部与地坪连接时不得用水泥砂浆窝死，正确的方法是沿着坐便器的四周用硅胶打封，以保证水密性能。如果使用密封橡胶垫圈代替坐浆，可考虑在安装牢固后再用硅胶将四周封实。检验时可采用手摇测试法，注意坐便器有无摆动现象。

④ 坐便器与水箱的安装位置应准确。单件位置允许误差为10mm，垂直度允许误差不应大于10mm。

(6) 浴缸

① 安装完毕砌裙边(有裙边的浴缸不必再砌)贴面砖前应把浴缸灌满水后试几次，要求冲排通畅，四周无渗漏。

② 浴缸排水口宜与落水嘴直接对口相接，不应用塑料软管连接。最好不要在缸下开明沟排水。

③ 盆面沿墙三周边应用硅胶密封。需要注意的是，压克力浴缸因人体重载与水动载的因素，时间长后容易在靠墙处形成细裂缝，所以用硅胶进行打封时必须做到打封严密。

3.6 暖气罩施工中有哪些常见的质量问题?

暖气罩施工中常见的质量问题主要表现在两个方面：

(1) 结构设计

主要的质量问题表现为：散热面小，没有热气流通回路，造成使用时热量散发不足、饰面材料易变形等缺陷。解决方法为：在设置暖气罩时留有足够的散热空间，并在暖气罩底部设计通气结构，使空气能够在罩内形成回路，从而加快散热片散热。

(2) 施工制作

常见的质量问题表现为：规格偏差超过制作标准。暖气罩的制作标准为：暖气罩加工两端高低偏差小于1mm，表面平整度偏差小于1mm，垂直度偏差小于2mm，上口平直度偏差小于

2mm。规格偏差超过制作标准这一质量问题可通过调整、刨修龙骨架解决。

3.7 验收固定式暖气罩时应该注意哪些方面?

验收固定式暖气罩时应该注意以下方面：

(1) 安装前应先在墙面、地面上弹线以确定暖气罩的位置。暖气罩的长度应比散热器长100mm，高度应在窗台以下或与窗台接平，厚度应比散热器宽10mm以上，散热罩的面积应占散热器面积的80%以上。

(2) 在墙面、地面安装线上打孔下木模，并对木模进行防腐处理。按安装线的尺寸制作木龙骨架，将木龙骨架用圆钉固定在墙、地面上。木模距墙面应小于200mm，距地面小于150mm。圆钉应钉在木模上。散热罩的框架应刨光、平正。

(3) 暖气罩的侧面板可使用五合胶板，顶面应加大悬板底衬，面饰板可使用三合胶板。安装面饰板前应在暖气罩框架外侧刷乳胶，对正面饰板后可用射钉将其固定在木龙骨上。面板上应预留出散热罩的位置，板的边缘要与框架平齐，侧面及正面顶部要用木线条收口。

(4) 散热罩的框架应刨光、平正，尺寸应与龙骨上的框架吻合，侧面压线条应收口，可在框内做造型。

3.8 关于电气施工的要求有哪些?

根据《住宅装饰装修工程施工规范》第十六条，对电气施工存在系列要求。

(1) 一般规定

① 适用于住宅单相入户配电箱户表后的室内电路布线及电器、灯具安装。

② 电气安装施工人员应持证上岗。

③ 配电箱户表后应根据室内用电设备的不同功率分别配线供电；大功率家电设备应独立配线安装插座。

④ 配线时，相线与零线的颜色应不同；同一住宅相线(L)颜色应统一，零线(N)宜用蓝色，保护线(PE)必须用黄绿双色线。

⑤ 电路配管、配线施工及电器、灯具安装除遵守本规定外，尚应符合国家现行有关标准规范的规定。

⑥ 工程竣工时应向业主提供电气工程竣工图。

(2) 主要材料质量要求

① 电器、电料的规格、型号应符合设计要求及国家现行电器产品标准的有关规定。

② 电器、电料的包装应完好，材料外观不应有破损，附件、备件应齐全。

③ 塑料电线保护管及接线盒必须是阻燃型产品，外观不应有破损及变形。

④ 金属电线保护管及接线盒外观不应有折扁和裂缝，管内应无毛刺，管口应平整。

⑤ 通信系统使用的终端盒、接线盒与配电系统的开关、插座，宜选用同一系列产品。

(3) 施工要求

① 应根据用电设备位置，确定管线走向、标高及开关、插座的位置。

② 电源线配线时，所用导线截面积应满足用电设备的最大输出功率。

③ 暗线敷设必须配管。当管线长度超过15m或有两个直角弯时，应增设拉线盒。穿入配管导线的接头应设在接线盒内，接头搭接应牢固，绝缘带包缠应均匀紧密。同一回路电线应穿入同一根管内，但管内总根数不应超过8根，电线总截面积(包括绝缘外皮)不应超过管内截面积的40%；电源线与通信线不得穿入同一根管内。

④ 电源线及插座与电视线及插座的水平间距不应小于500mm。安装电源插座时，面向插座的左侧应接零线(N)，右侧应接相线(L)，中间上方应接保护地线(PE)。电源插座底边距地

宜为 300mm，平开关板底边距地宜为 1400mm。

⑤ 电线与暖气、热水、燃气管之间的平行距离不应小于 300mm，交叉距离不应小于 100mm。导线间和导线对地间电阻必须大于 0.5MΩ。

⑥ 当吊灯自重在 3kg 及以上时，应先在顶板上安装后置埋件，然后将灯具固定在后置埋件上。严禁安装在木楔、木砖上。

⑦ 连接开关、螺口灯具导线时，相线应先接开关，开关引出的相线应接在灯中心的端子上，零线应接在螺纹的端子上。

⑧ 同一室内的电源、电话、电视等插座面板应在同一水平标高上，高差应小于 5mm。

⑨ 厨房、卫生间应安装防溅插座，开关宜安装在门外开启侧的墙体上。

3.9 电气的验收应符合什么标准?

以《北京市家庭居住装饰工程质量验收标准》为例，电气的验收应符合如下标准：

(1) 电气产品、材料必须是符合现行技术标准的合格产品，电线、电缆、开关、插座尚应具有国家电工产品安全认证书。

(2) 电气布线宜采用暗管敷设，导线在管内不应有结头和扭结，导线距电话线、闭路电视线不得少于 50cm，吊顶内不允许有明露导线，严禁将导线直接埋入抹灰层内。

(3) 灯头做法、开关接线位置正确，厕浴间宜选用防潮开关和安全型插座，有接地孔插座的接地线应单独敷设，电阻不得低于 0.5MΩ。面向电源插座时应符合“左零右相，接地在上”的要求。

(4) 开关、插座安装牢固，位置正确，盖板端正，表面清洁，紧贴墙面，四周无空隙，同一房间开关或插座上沿高度一致。

(5) 电气工程施工完成后，应进行必要的检查和试验，如漏电开关的动作，各回路的绝缘电阻以及电器通电，灯具试亮，开关试控制等，检验合格后方能使用。

(6) 工程竣工时应向用户提供电气竣工简图，标明导线规格及暗管走向。

3.10 板块铺贴工程的验收应符合什么标准？

以《北京市家庭居住装饰工程质量验收标准》为例，板块铺贴工程(包括墙、地面饰面石材、饰面砖安装工程）的验收应符合如下标准：

(1) 石材、墙地砖的品种、规格、等级、颜色和图案应符合设计要求。

(2) 饰面板块表面不得有划痕、裂纹、风化、缺棱掉角等质量缺陷。不得使用过期结块水泥作胶结材料。

(3) 石材、墙地砖施工前应进行规格套方，保证规整，进行选色，减少色差，进行预排，减少使用非整砖，有突出墙地面的物体应按规定用整砖套割，套割吻合边缘齐整。

(4) 石材铺设前宜做背涂处理，减少水渍、泛碱现象发生。

(5) 墙地砖铺贴应砂浆饱满、粘贴牢固，墙面单块板边角空鼓不得超过铺贴数量的5%。

(6) 表面平整，接缝平直，缝浆饱满，纵横方向无明显错台错位，颜色基本一致、无明显色差，洁净无污渍和浆痕。

块材饰面层允许偏差和检验方法见表3-1。

块材饰面层允许偏差和检验方法　　表3-1

项次	项目	允许偏差(mm)								检验方法
		天然石				人造石	饰面砖	光面石材		
		光面	粗磨面	麻面条纹面	天然面	人造大理石	外墙面砖饰面砖陶瓷锦砖	方柱	圆柱	
1	表面平整	1	2	3	—	1	2	1	1	用2m靠尺和楔形塞尺检查

续表

<table>
<tr><th rowspan="3">项次</th><th rowspan="3" colspan="2">项　目</th><th colspan="10">允许偏差(mm)</th><th rowspan="3">检验方法</th></tr>
<tr><th colspan="4">天然石</th><th>人造石</th><th colspan="3">饰面砖</th><th colspan="2">光面石材</th></tr>
<tr><th>光面</th><th>粗磨面</th><th>麻面条纹面</th><th>天然面</th><th>人造大理石</th><th colspan="3">外墙面砖饰面砖陶瓷锦砖</th><th>方柱</th><th>圆柱</th></tr>
<tr><td rowspan="2">2</td><td rowspan="2">立面垂直</td><td>室内</td><td>2</td><td>2</td><td>3</td><td>5</td><td>2</td><td colspan="3">2</td><td>2</td><td></td><td rowspan="2">用 2m 托线板检查</td></tr>
<tr><td>室外</td><td>2</td><td>4</td><td>5</td><td>—</td><td>3</td><td colspan="3">3</td><td>2</td><td>2</td></tr>
<tr><td>3</td><td colspan="2">阴、阳角方正</td><td>2</td><td>3</td><td>4</td><td>—</td><td>2</td><td colspan="3">2</td><td>2</td><td>—</td><td>用方尺和楔形塞尺检查</td></tr>
<tr><td rowspan="2">4</td><td rowspan="2" colspan="2">接缝平直</td><td rowspan="2">2</td><td rowspan="2">3</td><td rowspan="2">4</td><td rowspan="2">5</td><td rowspan="2">2</td><td>室内</td><td colspan="2">2</td><td rowspan="2">2</td><td rowspan="2">2</td><td rowspan="2">拉 5m 线(不足 5m 者拉通线)尺量检查</td></tr>
<tr><td>室外</td><td colspan="2">3</td></tr>
<tr><td>5</td><td colspan="2">墙裙上口平直</td><td>2</td><td>3</td><td>3</td><td>3</td><td>2</td><td colspan="3">2</td><td>—</td><td>—</td><td>拉 5m 线(不足 5m 者拉通线)尺量检查</td></tr>
<tr><td rowspan="2">6</td><td rowspan="2" colspan="2">接缝高低</td><td rowspan="2">0.3</td><td rowspan="2">1</td><td rowspan="2">2</td><td rowspan="2">—</td><td rowspan="2">0.5</td><td>室内</td><td colspan="2">0.5</td><td rowspan="2">0.3</td><td rowspan="2">0.3</td><td rowspan="2">用方尺和塞尺检查</td></tr>
<tr><td>室外</td><td colspan="2">1</td></tr>
<tr><td>7</td><td colspan="2">接缝宽度</td><td>0.3</td><td>1</td><td>1</td><td>2</td><td>0.5</td><td colspan="3">0.5</td><td>0.5</td><td>0.5</td><td>用塞尺检查</td></tr>
<tr><td>8</td><td colspan="2">弧形表面精确度</td><td>—</td><td>—</td><td>—</td><td>—</td><td>—</td><td colspan="3">—</td><td>1</td><td>1</td><td>用 1/4 圆周样板和楔形塞尺检查</td></tr>
<tr><td>9</td><td colspan="2">柱群纵横向顺直</td><td>—</td><td>—</td><td>—</td><td>—</td><td>—</td><td colspan="3">—</td><td>5</td><td>5</td><td>拉通线尺量检查</td></tr>
<tr><td>10</td><td colspan="2">总高垂直</td><td>—</td><td>—</td><td>—</td><td>—</td><td>—</td><td colspan="3">—</td><td></td><td>H/1000≤5</td><td>用经纬仪或吊线尺量检查</td></tr>
</table>

3.11　验收瓷砖时要注意哪些方面?

验收瓷砖时需要注意以下方面:

(1) 查看瓷砖的外包装

主要看产品包装箱上的相关标识是否清楚，具体包括产品的品牌、商标、型号、色号、规格、生产批号或生产日期等。

(2) 核对定单，检查送货产品

具体包括：检查瓷砖的型号是否与订货单上的一致；检查每个型号的产品是否与看货时一致；检查每款瓷砖的胚体瓷砖商标是否清晰无误，防止商家偷梁换柱；检查送货产品的品种是否有遗漏；核对瓷砖的数量。

(3) 检查瓷砖的质量

具体包括：用手摇包装箱感觉瓷砖是否有破损，开箱后查看零片和散片的质量如何，整片瓷砖是否有磕角、划伤等表面瑕疵，花砖、腰线是否因磕碰有破损，瓷砖的平整度和垂直度如何。

注：花砖又叫花式瓷砖，有点缀墙面、制造气氛的功用。目前市场上的花砖以欧洲舶来品居多，风格多样，一般一套内含花砖 6 块、10 块或者 12 块。

腰线砖多为印花砖，色彩鲜艳，图案花纹精美。为了配合墙砖的规格，腰线砖一般设计为 6cm 高，20cm 宽的幅面。它的作用就像一根美丽的腰带，环绕在墙面砖中间，为单调的墙面增色，改变空间的气氛。目前，腰线主要以陶瓷、树脂、金属(不锈钢)等材料为主，其中适合家庭使用的以陶瓷和树脂材料为主。

3.12 铺贴墙面砖时应注意哪些方面?

铺贴墙面砖时应注意以下方面：

(1) 铺贴前应对墙面砖进行挑选，并应浸水 2h 以上，然后晾干其表面水分。

(2) 铺贴前应进行放线定位和排砖，非整砖应排放在次要部位或阴角处。每面墙不宜有两列非整砖，非整砖宽度不宜小于整砖的 1/3。

(3) 铺贴前应确定好水平及竖向标志，垫好底尺，挂线铺贴。墙面砖表面应平整、接缝应平直、缝宽应均匀一致。阴角砖应压向正确，阳角线宜做成45°角对接，在墙面突出物处，应整砖套割吻合，不得用非整砖拼凑铺贴。

(4) 结合砂浆宜采用1∶2水泥砂浆，砂浆厚度宜为6～10mm。水泥砂浆应满铺在墙砖背面，一面墙不宜一次铺贴到顶，以防塌落。

3.13 铺装墙面石材时应注意哪些方面?

铺装墙面石材时应注意以下方面：

(1) 铺贴前应对墙面砖进行挑选，并按设计要求对其进行预拼。

(2) 应在强度较低或较薄的石材背面粘贴玻璃纤维网布。

(3) 当采用湿作业法施工时，固定石材的钢筋网应与预埋件连接牢固。每块石材与钢筋网拉结点不得少于4个。拉结用金属丝应具有防锈性能。灌注砂浆前应将石材背面及基层湿润，并应用填缝材料临时封闭石材板缝，避免漏浆。灌注砂浆宜用1∶2.5水泥砂浆，灌注时应分层进行，每层灌注高度宜为150～200mm，且不超过板高的1/3，插捣应密实。待其初凝后方可灌注上层水泥砂浆。

(4) 当采用粘贴法施工时，基层处理应平整但不应压光。胶粘剂的配合比应符合产品说明书的要求。胶液应均匀、饱满地刷抹在基层和石材背面，石材就位时应准确，并应立即挤紧、找平、找正，进行顶、卡固定。溢出胶液应随时清除。

3.14 铺贴石材、地面砖时应注意哪些方面?

铺贴石材、地面砖时应注意以下方面：

(1) 铺贴石材、地面砖前应将其浸水湿润。天然石材铺贴前应对其进行对色、拼花并试拼、编号。

(2) 铺贴前应根据设计要求确定结合层砂浆厚度，拉十字线控制其厚度和石材、地面砖表面平整度。

(3) 结合层砂浆宜采用体积比为1∶3的干硬性水泥砂浆，厚度宜高出实铺厚度2～3mm。铺贴前应在水泥砂浆上刷一道水灰比为1∶2的素水泥浆或干铺水泥1～2mm后洒水。

(4) 石材、地面砖铺贴时应保持水平就位，用橡皮锤轻击使其与砂浆粘结紧密，同时调整其表面平整度及缝宽。

(5) 铺贴后应及时清理表面，24h后应用1∶1水泥浆灌缝，选择与地面颜色一致的颜料与白水泥拌合均匀后嵌缝。

3.15 地砖、瓷砖和墙砖工程的验收应符合什么标准?

地砖、瓷砖和墙砖工程的验收各有不同的标准规定。

(1) 地砖、瓷砖工程

① 材质及图案应符合住房要求，产品质量符合国家标准特级品、一级品技术规定。

② 铺贴应牢固，不松动、无空洞。

③ 图案清晰、无玷污、无裂缝。

④ 表面色泽一致、接缝均匀，周边顺直，砖面无裂纹、掉角缺粉等现象。

⑤ 坡度满足排水要求，不倒流水、无积水，与地漏结合处严密牢固。

⑥ 铺贴瓷砖、地砖允许偏差为接缝平直小于等于3mm，接缝高低小于2mm。

⑦ 瓷砖、地砖损耗按10%计算。

(2) 墙砖工程

① 墙面瓷砖粘贴必须牢固，空鼓率在3%以内。

② 无歪斜、缺棱掉角和裂缝等缺陷。

③ 墙砖铺贴表面要平整、洁净，色泽协调，图案安排合理，无变色、泛碱、污痕和显著光泽受损处。

④ 砖块接缝填嵌密实、平直，宽窄均匀、颜色一致，阴阳角处搭接方向正确。

⑤ 非整砖使用部位适当，排列平直。

⑥ 预留孔洞尺寸正确，边缘整齐。

⑦ 检查平整度误差小于2mm，立面垂直误差小于2mm，接缝高低偏差小于0.5mm，平直度小于2mm。

3.16 地板工程的验收应符合什么标准？

以《北京市家庭居住装饰工程质量验收标准》为例，地板工程(包括实木地板、实木复合地板、强化复合地板)的验收应分别符合标准要求。

(1) 木质地板(表3-2)

木地板铺装工程允许偏差和检验方法　　表3-2

项次	项　目	允许偏差(mm)	检 验 方 法
1	表面平整度	1.5	用2m靠尺、塞尺检查
2	板面拼缝平直	1.5	用5m线(不足5m拉通线)用尺量检查
3	缝隙宽度	0.5	用塞尺检查
4	踢脚板上口平直	3	拉5m线(不足5m拉通线)用尺量检查

① 木质地板工程用料的品种、规格、等级、颜色和木材含水率应符合设计要求和国家现行标准的规定，含水率如设计无要求时一般不宜大于10%。

② 铺装前对基层进行防潮处理。

③ 铺设地板基层所用木龙骨、毛地板、垫木安装必须牢固、平直。

④ 木质地板面层与基层铺钉或粘接必须牢固无松动。

⑤ 当不使用毛地板，直接在龙骨上铺装地板时，主次龙骨间距应根据地板的长宽模数计算，主龙骨间距不得大于300mm，地板接缝在龙骨中线上。

⑥ 安装第一排地板时应凹槽面向墙，地板与墙面之间留有10mm左右的缝隙，并用踢脚板封盖。

⑦ 条形木地板的铺设方向可征求用户意见，一般走廊、过道宜顺行走方向铺设，室内房间宜顺光线铺设。

(2) 强化复合地板(表 3-3)

强化复合地板铺装的允许偏差和检验方法　　表 3-3

项次	项　目	允许偏差(mm)	检验方法
1	表面平整度	2	用 2m 靠尺、塞尺检查
2	踢脚线上口平直	3	用 5m 线(不足 5m 拉通线)用尺量检查

① 基层应平整、牢固、干燥、清洁、无污染，强度符合设计要求。

② 在楼房底层或平房铺装须做防潮处理。

③ 强化复合地板铺装时，室内温度应遵照产品说明书的规定要求。

④ 地板下面应满铺防潮底垫、铺装平整，接缝处不得叠压，并用胶带固定。

⑤ 安装第一排地板时应凹槽面向墙，地板与墙面之间留有 10mm 左右的缝隙。

⑥ 房间长度或宽度超过 8m 时需要设置伸缩缝、安装平压条。

⑦ 木踢脚板采用 45°坡口粘接严密，高度、出墙厚度一致，固定钉钉帽不外露。

⑧ 表面平直，颜色、木纹协调一致，洁净无胶痕。

3.17　铺装竹、实木地板时应注意哪些方面？

铺装竹、实木地板时应注意以下方面：

(1) 基层平整度误差不得大于 5mm。

(2) 铺装前应对基层进行防潮处理，防潮层宜涂刷防水涂料或铺设塑料薄膜。

(3) 铺装前应对地板进行选配，宜将纹理、颜色接近的地板集中使用于一个房间内或部位上。

（4）木龙骨应与基层连接牢固，固定点间距不得大于600mm。

（5）毛地板应与龙骨成30°或45°铺钉，板缝应为2～3mm，相邻板的接缝应错开。

（6）在龙骨上直接铺装地板时，主次龙骨的间距应根据地板的长宽模数计算确定，地板接缝应在龙骨的中线上。

（7）地板钉长度宜为板厚的2.5倍，钉帽应砸扁。固定时应从凹榫边30°角倾斜钉入。硬木地板应先钻孔，孔径应略小于地板钉直径。

（8）毛地板及地板与墙之间应留有8～10mm的缝隙。

（9）地板磨光应先刨后磨，磨削应顺木纹方向，磨削总量应控制在0.3～0.8mm内。

（10）单层直铺地板的基层必须平整、无油污。铺贴前应在基层刷一层薄而匀的底胶以提高粘结力。铺贴时基层和地板背面均应刷胶，待不粘手后再进行铺贴。拼板时应用榔头垫木块敲打紧密，板缝不得大于0.3mm。溢出的胶液应及时清理干净。

3.18 铺装地毯时应注意哪些方面？

铺装地毯应注意以下方面：

（1）地毯对花拼接应按毯面绒毛和织纹走向的同一方向拼接。

（2）当使用张紧器伸展地毯时，用力方向应呈V字形，应由地毯中心向四周展开。

（3）当使用倒刺板固定地毯时，应沿房间四周将倒刺板与基层固定牢固。

（4）地毯铺装方向，应是毯面绒毛走向的背光方向。

（5）满铺地毯，应用扁铲将毯边塞入卡条和墙壁间的间隙中或塞入踢脚板下面。

(6) 裁剪楼梯地毯时，应留有一定长度，以便在使用中可挪动常磨损的位置。

3.19　验收隐蔽工程时应该注意哪些方面?

为防止"隐蔽工程"变成"隐患工程"，应该注意检查以下项目：

(1) 给排水工程(上下水管道)

① 看材料：镀锌管易生锈、积垢、不保温，且容易发生冻裂。目前使用较多的是塑铝复合管、塑钢管、PPR 管。这些管子有良好的塑性、韧性，而且保温不开裂、不积垢。它们采用专用的铜接头或热塑接头，质量有保证，能耗少。

② 看使用：排水管道排水时是否顺畅，给水管是否存在渗漏现象。可把厨房和厕所里与水有关的"容器"例如洗菜池、面盆、浴缸放满水，然后排出去，检查排水速度。注意，检查马桶的下水时，要反复进行排水试验，看排水效果。

(2) 电气管线工程

具体包括检查电源线是否套管，电气线路施工是否规范，插座质量是否合格等。可打开灯具开关，检查灯具是否都亮。条件允许的情况下应该用万用表检查插座是否有电。检查时一定要细心，例如，要查看电话线路、电视天线有无信号。

(3) 地板和隔墙基层

地板基层应注意的细节包括：地面水泥找平层是否合格，厨卫地面坡度是否得当。

隔墙基层应注意的细节包括：包柱是否采用红砖墙、水泥拉力板，是否做水泥拉毛处理。

(4) 木工制品和油漆工制品

可用眼观察制品是否变形，接缝处开裂现象是否严重，五金件的安装是否端正牢固，油漆是否存在流淌现象，墙壁涂料是否出现大范围开裂。

(5) 吊顶工程

包括对不同吊顶材料例如石膏板，灰板，夹板，铝合金扣板，塑料扣板，磨砂玻璃，彩绘玻璃等的验收及对施工工艺过程的验收。

(6) 边角细部

边边角角往往是购房者在验房时最容易忽略的地方。边角细部的验收包括检查卫生间门口是否有挡水条；开关插座面板是否存在划痕；浴室五金安装位置是否合理等。验收时，一定要多一个心眼，这样才能多一分安心。

3.20 门窗的验收应符合什么标准?

以《北京市家庭居室装饰工程质量验收标准》为例，门窗(包括木门窗、铝合金门窗、塑钢门窗)的验收应分别符合标准才行。

(1) 木门窗(表3-4、表3-5)

木门窗制作的允许偏差和检验方法　　表3-4

项次	项　目	构件名称	允许偏差(mm)		检验方法
			普通	高级	
1	翘曲	框	3	2	将框、扇平放在检查平台上，用塞尺检查
		扇	2	2	
2	对角线长度差	框、扇	3	2	用钢尺检查，框量裁口里角，扇量外角
3	表面平整度	扇	2	2	用1m靠尺和塞尺检查
4	高度、宽度	框	0；−2	0；−1	用钢尺检查，框量裁口里角，扇量外角
		扇	+2；0	+1；0	
5	裁口、线条结合处高低差	框、扇	1	0.5	用钢直尺和塞尺检查
6	相邻棂子两端间距	扇	2	1	用钢直尺检查

木门窗安装的留缝限值、允许偏差和检验方法　　表 3-5

项次	项目	留缝限值(mm)		允许偏差(mm)		检验方法
		普通	高级	普通	高级	
1	门窗槽口对角线长度差	—	—	3	2	用钢尺检查
2	门窗框的下、侧面垂直度	—	—	2	1	用1m垂直检测尺检查
3	框与扇、扇与扇接缝高低差	—	—	2	1	用钢直尺和塞尺检查
4	门窗扇对口缝	1～2.5	1.5～2	—	—	用塞尺检查
5	工业厂房双扇大门对口缝	2～5	—	—	—	
6	门窗扇与上框间留缝	1～2	1～1.5	—	—	
7	门窗扇与侧框间留缝	1～2.5	1～1.5	—	—	
8	窗扇与下框间留缝	2～3	2～2.5	—	—	
9	门扇与下框间留缝	3～5	3～4	—	—	
10	双层门窗内外框间距	—	—	4	3	用钢尺检查
11	无下框时门扇与地面间留缝　外门	4～7	5～6	—	—	用塞尺检查
	内门	5～8	6～7	—	—	
	卫生间门	8～12	8～10	—	—	
	厂房大门	10～20	—	—	—	

① 木门窗的木材品种、材质等级、规格、尺寸、框扇的线型应符合设计要求。

② 木门窗应采用烘干的木材，含水率不宜大于12%。

③ 木门窗框与砖石砌体、混凝土或抹灰层接触部位以及固定用木砖等均应进行防腐处理。

④ 建筑外门窗安装必须牢固，严禁在砌体上用射钉固定。

⑤ 木门窗的安装位置、开启方向及连接方式应符合设计要求。

⑥ 木门窗扇必须安装牢固、开关灵活、关闭严密，无走扇、翘曲现象。

⑦ 胶合板门，不得有脱胶、刨透表层等现象，上下冒头的透气孔应通畅。

⑧ 木门窗框与墙体间隙的填嵌材料应符合设计要求，填嵌应饱满。

⑨ 木门窗表面应洁净，不得有刨痕、锤印。木门窗的割角拼缝严密平整，框扇裁口顺直，刨面平整。木门窗披水、盖口条、压缝条、密封条的安装应顺直，与门窗结合应牢固、严密。

(2) 铝合金门窗(表 3-6)

铝合金门窗安装的允许偏差和检验方法　　表 3-6

项次	项目		允许偏差(mm)	检验方法
1	门窗槽口宽度、高度	≤1500mm	1.5	用钢尺检查
		>1500mm	2	
2	门窗槽口对角线长度差	≤2000mm	3	用钢尺检查
		>2000mm	4	
3	门窗框的正、侧面垂直度		2.5	用垂直检测尺检查
4	门窗横框的水平度		2	用1m水平尺和塞尺检查
5	门窗横框标高		5	用钢尺检查
6	门窗竖向偏离中心		5	用钢尺检查
7	双层门窗内外框间距		4	用钢尺检查
8	推拉门窗扇与框搭接量		1.5	用钢直尺检查

① 铝合金门窗的品种、类型、规格、尺寸、性能应符合设计要求。

② 铝合金门窗的型材、壁厚应符合设计要求，所用配件应选用不锈钢或镀锌材质。

③ 门窗安装应横平竖直，与洞口墙体留有一定缝隙，缝隙

内不得使用水泥砂浆填塞，应使用具有弹性材料填嵌密实，表面应用密封胶密闭。

④ 铝合金门窗框安装必须牢固，预埋件的数量、位置、埋设方式与框连接方法必须符合设计要求，在砌体上安装门窗严禁用射钉固定，铝合金门窗的开启方向、安装位置、连接方式应符合设计要求。

⑤ 铝合金门窗扇必须安装牢固，推拉扇必须有可靠的防脱落措施。门窗扇应开启灵活，关闭严密，无倒翘、无走扇。

⑥ 铝合金门窗表面应洁净、平整、光滑、色泽一致，无锈蚀、无划痕、无碰伤。

⑦ 铝合金门窗扇的橡胶密封条应安装完好，不得卷边脱槽。

(3) 塑钢门窗(表3-7)

塑钢门窗安装的允许偏差和检验方法　　表3-7

项次	项　目		允许偏差(mm)	检验方法
1	门窗槽口宽度、高度	≤1500mm	2	用钢尺检查
		＞1500mm	3	
2	门窗槽口对角线长度差	≤2000mm	3	用钢尺检查
		＞2000mm	5	
3	门窗框的正、侧面垂直度		3	用1m垂直检测尺检查
4	门窗横框的水平度		3	用1m水平尺和塞尺检查
5	门窗横框标高		5	用钢尺检查
6	门窗竖向偏离中心		5	用钢直尺检查
7	双层门窗内外框间距		4	用钢尺检查
8	同樘平开门窗相邻扇高度差		2	用钢尺检查
9	平开门窗铰链部位配合间隙		+2；-1	用塞尺检查
10	推拉门窗扇与框搭接量		+1.5；-2.5	用钢尺检查
11	推拉门窗扇与竖框平等度		2	用1m水平尺和塞尺检查

① 塑钢门窗的品种、类型、规格、尺寸、内衬钢板厚度应符合设计要求。如无要求时，门窗型材应选用多腔式，壁厚不小于2.2mm，内衬钢板厚度不小于1.2mm。

② 塑钢门窗框、副框和扇的安装必须牢固，固定片或膨胀螺栓的数量、位置及连接方式应符合设计要求和国家规范。

③ 塑钢门窗扇，平开窗应开关灵活，关闭严密，推拉门窗应平移灵活，无阻滞现象，位置正确，关闭时密封条应处于压缩状态。外墙推拉门窗扇必须有防脱落措施。

④ 门窗框与墙体间缝隙不得用水泥砂浆填塞，应采用闭孔弹性保温材料，填嵌密实，表面用密封胶密封。

⑤ 门窗安装五金配件应先钻孔后用自攻螺钉拧入，不得直接锤击打入。

⑥ 塑钢门窗表面应洁净、光滑，大面应无划痕、碰伤。

⑦ 玻璃密封条与玻璃及玻璃槽口的接缝应平整，不得卷边脱槽。

3.21 验收塑钢门窗时要注意哪些方面?

塑钢门窗比较特殊，它从型材生产到门窗组装均在组装厂进行，只要安装合乎规范，消费者很难检查到它可能存在的质量问题，但这并不是说消费者无法对它进行检查。以下是验收塑钢门窗时应该注意的几个方面：

(1) 窗户表面

窗框要洁净、平整、光滑，大面无划痕、碰伤，型材无开焊断裂。

(2) 五金件

五金件要齐全、位置正确、安装牢固、使用灵活，能达到各自的使用功能。

(3) 玻璃密封条

密封条与玻璃及玻璃槽口的接触应平整，不得卷边、脱槽。

(4) 密封质量

门窗关闭时，扇与框之间无明显缝隙，密封面上的密封条应处于压缩状态。

（5）玻璃

玻璃应平整、安装牢固，不应有松动现象，单层玻璃不得直接接触型材，双层玻璃内外表面均应洁净，玻璃夹层内不得有灰尘和水气，隔条不能翘起。

（6）压条

带密封条的压条必须与玻璃全部贴紧，压条与型材的接缝处无明显缝隙，接头处缝隙应小于或等于1mm。

（7）拼樘料

拼樘料应与窗框紧密连接，同时用嵌缝膏密封，不得松动，螺钉间距应小于或等于600mm，内衬增强型钢两端均应与洞口固定牢靠。

（8）开关部件

平开、推拉或旋转窗时均应达到关闭严密的效果。

（9）框与墙体连接

窗框应横平竖直，高低一致，固定件的间距应小于或等于600mm，框与墙体应连接牢固，缝隙应用弹性材料填嵌饱满，表面打上密封胶，无裂缝。

（10）排水孔

排水孔位置要正确，同时还要通畅。

3.22　木门窗五金配件的安装应符合哪些规定？

根据《住宅装饰装修工程施工规范》，木门窗五金配件的安装应符合下列规定：

（1）合叶距门窗扇上下端宜取立梃高度的1/10，并应避开上、下冒头。

（2）安装五金配件时应用木螺钉固定。硬木应钻2/3深度的孔，孔径应略小于木螺钉直径。

（3）门锁不宜安装在冒头与立梃的结合处。

（4）窗拉手距地面宜为1.5～1.6m，门拉手距地面宜为0.9～1.05m。

3.23 木门窗套的制作和安装应符合哪些规定？

根据《住宅装饰装修工程施工规范》，木门窗套的制作安装应符合下列规定：

（1）门窗洞口应方正垂直，预埋木砖应符合设计要求，并应进行防腐处理。

（2）根据洞口尺寸、门窗中心线和位置线，用方木制成搁栅骨架并应做防腐处理，横撑位置必须与预埋件位置重合。

（3）搁栅骨架应平整牢固，表面刨平。安装搁栅骨架应方正，除预留出板面厚度外，搁栅骨架与木砖间的间隙应垫以木垫，连接牢固。安装洞口搁栅骨架时，一般先上端后两侧，洞口上部骨架应与紧固件连接牢固。

（4）与墙体对应的基层板板面应进行防腐处理，基层板安装应牢固。

（5）饰面板颜色、花纹应谐调。板面应略大于搁栅骨架，大面应净光，小面应刮直。木纹根部应向下，长度方向需要对接时，花纹应通顺，其接头位置应避开视线平视范围，宜在室内地面2m以上或1.2m以下，接头应留在横撑上。

（6）贴脸、线条的品种、颜色、花纹应与饰面板谐调。贴脸接头应成45°角，贴脸与门窗套板面结合应紧密、平整，贴脸或线条盖住抹灰墙面应不小于10mm。

3.24 木窗帘盒的制作安装应符合哪些规定？

根据《住宅装饰装修工程施工规范》，木窗帘盒的制作安装应符合下列规定：

（1）窗帘盒宽度应符合设计要求。当设计无要求时，窗帘盒宜伸出窗口两侧200～300mm，窗帘盒中线应对准窗口中线，并使两端伸出窗口长度相同。窗帘盒下沿与窗口上沿应平齐或略低。

(2) 当采用木龙骨双包夹板工艺制作窗帘盒时，遮挡板外立面不得有明榫、露钉帽，底边应做封边处理。

(3) 窗帘盒底板可采用后置埋木楔或膨胀螺栓固定，遮挡板与顶棚交接处宜用角线收口。窗帘盒靠墙部分应与墙面紧贴。

(4) 窗帘轨道安装应平直，窗帘轨固定点必须在底板的龙骨上，连接必须用木螺钉，严禁用圆钉固定。采用电动窗帘轨时，应按产品说明书进行安装调试。

3.25 验收门时应该注意哪些细节?

要验收好门，首先要明白一些概念，例如，贴脸。非专业人士往往区分不了门窗套、门窗贴脸。专家提醒大家，门窗套是指门窗洞口的两个立边垂直面。因为它们可以突出外墙形成边框也可以与外墙平齐，既要立边垂直平整又要满足与墙面平整，好像在门窗外罩上一个正规的套子，所以人们习惯称它们为门窗套。门窗贴脸是指当门窗框与内墙面平齐时，为遮盖与墙面明显的缝口(在门窗使用筒子板时也存在这个缝口)而装订的木板盖缝条。掌握了这些基础概念之后，就可以轻松把好“验门”关。

(1) 用眼

主要是看门的厚度、材质与规格是否符合要求；门是否与墙在一个平面上；门四边是否紧贴门框，与墙身有无过大缝隙；直角接合部是否严密；零配件的装配是否齐全、位置是否准确；门插是否插入得太少，门间隙是否太大(特别是门锁的一边)；贴脸是否完整、是否有裂缝；贴脸是否与楼顶板阴角线平行；门面上有无钉眼、气泡或明显色差。

(2) 用手

要亲自动手试试门的表面是否光洁；门的开启和关闭是否顺畅；不上锁时门是否会自动关上或打开；门锁、锁舌儿与锁鼻儿是否对位，转动钥匙时是否方便。

(3) 用耳

注意听门在开、关时又没有发出特别的声音；不要忘了关上门检查隔声效果。

3.26　验收窗时应该注意哪些细节？

随着生产工艺的进步，窗的品种越来越多，塑钢窗、敞开无框阳台窗、安全防盗卷帘窗……可谓林林总总，让人眼花缭乱，如何验收窗也就成为了消费者的难题之一。以下是验收窗的一些基本方法，供读者参考使用：

(1) 用眼

要用眼睛仔细观察以下方面：窗的位置是否准确；窗边与混凝土接口处有无缝隙；窗边护栏是否平正牢固、无损、无划痕、无翘曲变形；直角接合部是否严密；零配件装配是否齐全；窗玻璃是否完好无损、无划痕；纱窗是否安装完毕，且无破损；窗子玻璃的每个角是否封好；窗台下面有无水渍；外部窗台有无裂纹。

(2) 用手

要用手亲自感觉以下方面：窗子在开启、关闭时是否顺畅；外窗开启时，内扇是否能关上；窗玻璃表面是否平整、油灰饱满、粘贴牢固；外窗框四周的处理是否粗糙；窗的把手是否松动；窗框表面是否光洁；窗的底部滑道是否平；窗台是否平滑、不刮手。

(3) 用耳

要用耳朵细细感受以下方面：窗开启和关闭时有没有发出不顺畅的、特别的声音；窗的隔声效果如何。

3.27　吊顶的验收应符合什么标准？

以《北京市家庭居室装饰工程质量验收标准》为例，吊顶(包括以轻钢龙骨、铝合金龙骨、木龙骨等为骨架，以石膏板、金属板、矿棉板、木质板和搁栅为饰面材料的吊顶工程)的验收应符合下列标准(表 3-8)：

暗、明龙骨吊顶工程安装允许偏差和检验方法　　表3-8

项次	项　目	允许偏差(mm)								检验方法
		纸面石膏		金属板		矿棉板		木格栅		
		暗	明	暗	明	暗	明	暗	明	
1	表面平整度	3	3	2	2	2	2	3	2	用2m靠尺和塞尺检查
2	接缝直线度	3	3	1.5	2	2	3	3	3	拉5m线(不足5m拉通线)
3	接缝高低差	1	1	1	1.5	1	1.5	2	1	用钢直尺和塞尺检查

(1) 工程所用材料的品种、规格、质量、颜色图案、固定方法、基层构造应符合设计要求和国家规范、标准的规定。

(2) 吊顶龙骨不得扭曲、变形，木质龙骨无树皮及虫眼，并按规定进行防火和防腐处理，吊杆布置合理、顺直，金属吊杆和挂件应进行防锈处理，龙骨安装牢固可靠，四周平顺。

(3) 吊顶罩面板与龙骨连接紧密牢固，阴阳角收边方正，起拱正确。

(4) 纸面石膏板可用沉头螺钉与龙骨固定，钉帽沉入板面，非防锈螺钉的顶帽应做防锈处理，板缝应进行防裂嵌缝，安装双层板时，上下板缝应错开。

(5) 罩面板与墙面、窗帘盒、灯槽交接处应接缝严密，压条顺直、宽窄一致。

(6) 吊顶内填充的吸声、保温材料的品种和铺设厚度应符合设计要求，并应有防散落措施。

(7) 灯具、电扇等设备的安装必须牢固，大于3kg的灯具或电扇以及其他较重的设备，严禁安装在龙骨上，应另设吊挂件与结构连接。

(8) 玻璃吊顶应采用安全玻璃，搭接宽度和连接方法应符合设计要求。

(9) 吊顶饰面板表面应平整、边缘整齐、颜色一致，不得有污染、缺棱、掉角、锤印等缺陷。

3.28 龙骨的安装应符合哪些规定?

根据《住宅装饰装修工程施工规范》，龙骨的安装应符合下列规定：

(1) 应根据吊顶的设计标高在四周墙上弹线。弹线应清晰、位置应准确。

(2) 主龙骨吊点间距、起拱高度应符合设计要求。当设计无要求时，吊点间距应小于1.2m，应按房间短向跨度的1%～3%起拱。主龙骨安装后应及时校正其位置标高。

(3) 吊杆应通直，距主龙骨端部距离不得超过300mm。当吊杆与设备相遇时，应调整吊点构造或增设吊杆。

(4) 次龙骨应紧贴主龙骨安装。固定板材的次龙骨间距不得大于600mm，在潮湿地区和场所，间距宜为300～400mm。用沉头自攻螺钉安装饰面板时，接缝处次龙骨宽度不得小于40mm。

(5) 暗龙骨系列横撑龙骨应用连接件将其两端连接在通长次龙骨上。明龙骨系列的横撑龙骨与通长龙骨搭接处的间隙不得大于1mm。

(6) 边龙骨应按设计要求弹线，固定在四周墙上。

(7) 全面校正主、次龙骨的位置及平整度，连接件应错位安装。

3.29 轻钢龙骨的安装应符合哪些规定?

根据《住宅装饰装修工程施工规范》，轻钢龙骨的安装应符合下列规定：

(1) 应按弹线位置固定沿地、沿顶龙骨及边框龙骨，龙骨的边线应与弹线重合。龙骨的端部应安装牢固，龙骨与基体的固定点间距应不大于1m。

(2) 安装竖向龙骨应垂直，龙骨间距应符合设计要求。潮湿房间和钢板网抹灰墙，龙骨间距不宜大于400mm。

(3) 安装支撑龙骨时，应先将支撑卡安装在竖向龙骨的开口方向，卡距宜为 400～600mm，距龙骨两端的距离宜为20～25mm。

(4) 安装贯通系列龙骨时，低于3m的隔墙安装一道，3～5m隔墙安装两道。

(5) 饰面板横向接缝处不在沿地、沿顶龙骨上时，应加横撑龙骨固定。

(6) 门窗或特殊节点处安装附加龙骨应符合设计要求。

3.30 木龙骨的安装应符合哪些规定?

根据《住宅装饰装修工程施工规范》，木龙骨的安装应符合下列规定：

(1) 木龙骨的横截面积及纵、横向间距应符合设计要求。

(2) 骨架横、竖龙骨宜采用开半榫、加胶、加钉连接。

(3) 安装饰面板前应对龙骨进行防火处理。

3.31 验收混凝土基层无吊顶时应注意哪些方面?

验收混凝土基层无吊顶时应注意以下方面：

(1) 是否按操作顺序要求进行施工。

(2) 基层应清洁，和底子灰结合牢固，要求无空鼓。

(3) 表面应平整光滑，看不到铁抹子痕迹，更无起泡、掉皮、裂缝现象。

(4) 如果表面刷乳胶漆，则质量要求可参照墙柱面乳液型涂料质量检查要求进行检查。

3.32 验收木质吊顶时应注意哪些方面?

验收木质吊顶时应注意以下方面：

(1) 是否按操作顺序施工。

(2) 木龙骨要求无节疤，木龙骨接长要连结牢固，吊杆与木龙骨、楼板要连接牢固。

（3）龙骨均要涂刷防火耐腐涂料。

（4）吊顶龙骨考虑日后下垂，故安装后，中心应按短边起拱1/200。

（5）凡有灯罩、窗帘盒等位置应增加龙骨，吊扇不得承力在龙骨架上。

（6）罩面板应平整、无翘角、起皮、脱胶等现象，如有拼花，图案应条例设计要求。

3.33 验收板条、钢丝网抹灰吊顶时应注意哪些方面？

验收板条、钢丝网抹灰吊顶时应注意以下方面：

（1）对木龙骨网架的要求同木质吊顶。

（2）板条接头必须错开，板面不宜过光，板条和钢丝网均钉牢。

（3）石灰膏必须充分熟化，不允许含石灰固定颗粒，以免抹灰后起鼓起气泡。

（4）板条干燥，易吸水膨胀，吸水后抹灰干燥易开裂，故底灰干后应喷水润湿，再抹找平层才能互相结合好。

3.34 验收轻钢龙骨吊顶时应注意哪些方面？

验收轻钢龙骨吊顶时应注意以下方面：

（1）选用的轻钢龙骨应符合设计要求，保证质量。

（2）所有在吊顶内零配件、龙骨应为镀锌件。

（3）龙骨、吊杆、连接件均应位置正确，材料平整、顺直、连接牢固，无松动。

（4）凡有悬挂的承重件必须增加横向的次龙骨。

（5）吊杆距主龙骨端部不得超过300mm。

（6）质量允许偏差标准可参考木质吊顶。

3.35 验收木格栅式吊顶时应注意哪些方面？

验收木格栅式吊顶时应注意以下方面：

(1) 吊点、吊杆、金属管、木格栅均应制作牢固，连接坚实。

(2) 木格栅材料含水率应符合要求，无疵病，无节疤裂纹。要求制作平整、光滑，方格尺寸准确。

(3) 拼成整体，安装完毕后，应符合木质吊顶施工允许偏差。

3.36 固定橱柜的制作安装应符合哪些要求?

固定橱柜的制作安装应符合下列要求：

(1) 根据设计要求和地面及顶棚标高，确定橱柜的平面位置和标高。

(2) 制作木框架时，整体立面应垂直、平面应水平，框架交接处应做榫连接，并应涂刷木工乳胶。

(3) 侧板、底板、面板应用扁头钉与框架固定牢固，钉帽应做防腐处理。

(4) 抽屉应采用燕尾榫连接，安装时应配置抽屉滑轨。

(5) 五金件可先安装就位，注意油漆之前应将其拆除。五金件安装应整齐、牢固。

3.37 验收橱柜时应该注意哪些方面?

验收橱柜应该注意以下方面：

(1) 位置和结构

橱柜的安装位置应按家用厨房设备设计图样要求进行，不得随意变换位置。橱柜组合件的摆放应协调一致，例如台面及吊柜组合后应保证水平。还应注意各个门、柜的开关是否顺滑，门板是否平整，门把手安装是否成一直线，原指定无缝接合的地方是否留有缝隙。

(2) 表面和材料

橱柜的外表面应保持原有状态，不得有碰伤、划伤、开裂和压痕等损伤现象。要注意检查所用材料是否为原约定材料，若是木制材料或者已在表面刷漆，还要注意材料是否有怪异的味道。若是石面橱柜，还要注意颜色是否与之前约定的一致，避免出现色差问题。

(3) 板材加工质量和封边

如果板材不合格或设备不精良则会出现啃边现象，从而导致在今后的使用中出现开胶现象。按规定板块的端面应经过封边处理，因此，在验收时需要认真检查封边质量。专业厂家一般用专用机械封边。一般作坊小厂的手工封边处理则比较粗糙。

(4) 五金部件

检查抽屉、门扇等活动五金部件，看开关是否灵活，有无噪声，有无防撞或自闭功能。专业厂家设计制作的橱柜，柜体之间应有过山丝连接，整体牢固性好；地柜底部装有水平调整脚，可以调整柜体的水平度，又有防水功能；设有整体移动式踢脚板，方便清洁橱柜底部。由于抽屉是橱柜最常用的部分之一，滑轨的好坏直接影响到橱柜的寿命，所以在挑选橱柜时，要查看抽屉推进拉出是否顺畅或左右松动状况、抽屉缝隙是否均匀。

3.38 轻质隔墙的验收应符合什么标准?

以《北京市家庭居室装饰工程质量验收标准》为例，轻质隔墙(包括以轻钢龙骨、木龙骨为骨架，以纸面石膏板、胶合板、水泥板为面板的工程)的验收应符合以下标准(表 3-9)：

轻质隔墙安装工程允许偏差和检验方法　　表 3-9

项次	项　目	允许偏差(mm)		检 验 方 法
		纸面石膏板	木质胶合板	
1	立面垂直度	3	3	用 2m 托线板(垂直检测尺)
2	表面平整度	3	2	用 2m 靠尺和塞尺检查
3	接缝平直	1.5	1	拉 5m 线(不足 5m 拉通线)用直尺量检查
4	压条平直		2	拉 5m 线(不足 5m 拉通线)用尺量检查
5	接缝高低差	1	0.5	用直尺和塞尺检查
6	阴阳角方正	3	3	用方尺和塞尺检查

（1）隔墙工程所用材料的品种、级别、规格和隔声、隔热、阻燃等性能必须符合设计要求和国家有关规范、标准的规定。

（2）轻钢龙骨安装要符合产品的组合要求，安装位置正确，连接牢固无松动。

（3）面板安装必须牢固无脱层、翘曲、折裂、缺棱、掉角。

（4）木质龙骨和木质罩面板在安装前应进行防火处理。

（5）木质罩面板接头位于龙骨中心，明缝或压条宽厚基本一致，与龙骨结合严密。

（6）在轻钢龙骨上固定罩面板应用自攻螺钉，钉头略埋入板内但不得损坏纸面，钉眼处应做防锈处理。

（7）潮湿处安装轻质隔墙应做防潮处理，如设计有要求，可在扫地龙骨下设置用混凝土或砖砌的地枕带，一般地枕带高度为120mm，宽与隔墙宽度一致。

（8）隔墙内填充材料应干燥、铺设厚度均匀、平整、填充饱满，应有防下坠措施。

（9）罩面板表面应平整、洁净、拼缝严密、压条顺直、不露钉帽。套割电气盒盖位置准确，套割整齐。

3.39 轻钢龙骨隔断墙面基本项目的验收应符合哪些标准?

轻钢龙骨隔断墙面基本项目的验收应分别符合标准规定。

（1）罩面板表面

罩面板表面合格的标准为：表面平整、洁净、光滑，不露钉帽，套割电气盒盖位置准确，套割整齐。优良的标准为：表面平整、洁净，拼缝严密顺平、光滑，不露钉帽，无返锈、麻点和锤印，套割电气盒盖位置边缘整齐、套割方正。

（2）罩面板接缝

纸面石膏板合格的标准为：接缝均匀、顺直，位于龙骨上；自攻螺钉间距符合有关标准规定。优良的标准为：接缝均匀、宽窄一致、顺直、位于龙骨上；自攻螺钉间距符合有关标准规定。

胶合板合格的标准为：接头位于龙骨上，明缝或压条的宽、厚、深度基本一致，与龙骨接合严密。优良的标准为：接头位于龙骨上，明缝或压条的宽、厚、深度一致、平直，与龙骨接合严密。

（3）隔墙内填充材料

隔墙内填充材料合格的标准为：用料干燥，铺设厚度均匀，填充密实，接头无空隙。优良的标准为：用料干燥，铺设厚度符合要求，均匀一致，填充密实，接头无空隙，无下坠。

（4）隔墙防潮层涂刷

隔墙防潮层涂刷合格的标准为：涂刷均匀，无流淌，无露底。优良的标准为：涂刷厚度均匀一致无流淌，无露底。

3.40 玻璃工程的验收应包括哪些项目？

玻璃工程的验收，因内容不同而包括不同的验收项目。

（1）油灰填抹

合格的油灰填抹必须达到如下标准：安装玻璃的槽口平直、方正、牢固，油灰填抹底灰饱满，油灰与玻璃槽口齐平，表面整洁。优良的油灰填抹除以上要求外，还应做到边缘与槽口齐平，灰条整齐一致，光滑、洁净、美观。

（2）固定玻璃的钉、卡

合格的钉、卡必须达到如下标准：规格、安放数量符合现行规范的规定，钉、卡安装后不得露出油灰表面。优良的钉、卡除以上要求外，还要求钉、卡安装后油灰的表面没有痕迹。

（3）镶钉木压条

合格的镶钉木压条必须达到如下标准：尺寸一致，光滑顺直，压条与裁口紧贴，齐平，割角方正，对接整洁、不露钉帽。优良的木压条除以上要求外，还要求对接整洁、严密，不显明缝，不显钉痕。

3.41 金属框架安装玻璃时有哪些要求？

金属框架安装玻璃时因使用材料不同而要求不同。

（1）使用嵌缝膏封口

用嵌缝膏封口时，应注意做到嵌填饱满，并留心玻璃两侧的嵌缝是否均匀。要求金属框及玻璃整体看起来整齐，平滑，无污染。

(2) 使用压条封口

要求压条表面规整，顺直，割角方正，压贴紧密与槽口齐平，金属面膜洁净无损伤。

(3) 使用密封膏嵌填槽口

要求密封膏与玻璃及槽口边缘嵌填密实、粘结牢固、嵌缝饱满、横平竖直、平滑、无接头显露、无污染。

需要注意的是，金属框架安装玻璃均应做软连接处理，要求槽口平直、宽度一致、玻璃安放稳固。

3.42 玻璃砖与镜面玻璃的安装应符合什么标准?

玻璃砖与镜面玻璃的安装各有不同的要求。

(1) 玻璃砖组砌

合格的安装要求组砌正确，砖体粘接剂铺放饱满，与四周基体连接牢固，砖面排列整齐，墙面平整，肩角方正，砖缝宽深适度，嵌缝饱满，缝条平直，光滑，无污染。优良的安装还要求玻璃砖表面洁净美观。

(2) 镜面玻璃

合格的安装要求组贴图案正确，拼接吻合，安装牢固，表面光洁平整，映入外界影像清晰、真实、无畸变。优良的安装还要求玻璃边角研磨精密，无缝隙，安装牢固，表面平整，光洁无瑕。

3.43 安装木窗玻璃时应注意哪些方面?

安装木窗玻璃时应注意以下方面:

(1) 安装玻璃前，应将企口内的污垢清除干净，沿企口的全长均匀涂抹1～3mm厚底灰，并推压平板玻璃至油灰溢出为止。

(2) 木框、扇玻璃安好后，用钉子或钉木条固定，钉距不得大于 300mm，且每边不少于两颗钉子。

(3) 如果用油灰固定，应再批上油灰，且沿企口填实抹光，使之和原来铺的油灰成为一体。油灰面沿玻璃企口切平，并用刮刀抹光油灰面。油灰面通常要经过一周以上干燥，才能涂装。

如果用木压条固定，则应先在木压条上涂抹干性油。安装压条前，把先铺的油灰充分抹进去，使其下无缝隙，再用针或木螺钉、小螺钉把压条固定，注意不要将玻璃压得过紧。

(4) 拼装彩色玻璃、压花玻璃时，应符合设计且拼缝要吻合，不得错位。

(5) 冬季施工，从寒冷处运到暖和处的玻璃应在其变暖后才可安装。

3.44 天窗玻璃的安装应符合什么标准?

天窗玻璃的安装应符合如下两种标准：

(1) 合格标准：天窗玻璃在安装时应按照顺流水的方向进行盖叠，其玻璃的搭接长度如下：

当屋顶的前层坡度＞1/4 时，玻璃的搭接长度应≥30mm；

当屋顶的面层坡度＜1/4 时，玻璃的搭接长度应≥50mm；

而且在这一安装过程中，要保证玻璃的表面平整，端头纵向排列顺直，盖叠段的垫层铺垫均匀。还应用防锈油灰将接口封住，嵌填密实，不外露型材卡口。

(2) 优良标准：天窗玻璃在安装时，除了要按照上述合格标准进行安装外，还应当保证盖叠段的垫层、铺垫层铺垫均匀，缝隙一致；防油灰封口嵌填密实、光滑且棱角齐整，以保持整体美观。

3.45 大规格玻璃的安装应符合什么标准?

大规模玻璃在安装时，应符合如下标准：

(1) 合格标准：安装时，应确保其定位朝向正确，并且固定牢固，有伸缩余量。安装后的玻璃表面平整，无翘曲，四边条线平直，胶圈粘贴密实。还应当保证玻璃面膜、骨架型材外露部分洁净无划痕。密封胶、耐候胶嵌缝密实，粘接牢固、顺直无污染。安装后，还要注意其软边所用的垫片，受压变形在25%～35%之间(或在设计允许值的范围内)，而且其水密性、气密性也必须符合设计要求。

(2) 优良标准：大规格玻璃在安装时，除要符合以上合格标准外，还应当保证粘接部位光滑平整，玻璃面膜、骨架型材不外露。玻璃与骨架之间连接牢固，隐蔽得体，嵌缝顺直，光滑无接头痕迹且洁净美观。

3.46 安装木门窗玻璃时应注意哪些方面?

安装木门窗玻璃时应注意以下方面：

(1) 玻璃安装前应检查框内尺寸，将裁口内的污垢清除干净。

(2) 安装长边大于1.5m或短边大于1m的玻璃，应用橡胶垫并用压条和螺钉固定。

(3) 安装木框、扇玻璃时，可用钉子固定，钉距不得大于300mm，且每边不少于两个；用木压条固定时，应先刷底油后安装，并不得将玻璃压得过紧。

(4) 安装玻璃隔墙时，玻璃在上框面应留有适量缝隙，防止木框变形，损坏玻璃。

(5) 使用密封膏时，接缝处的表面应清洁、干燥。

3.47 制作安装木装饰装修墙时应注意哪些方面?

制作安装木装饰装修墙时应注意以下方面：

(1) 基层的垂直度和平整度，有防潮要求的应进行防潮处理。

(2) 按设计要求弹出标高、竖向控制线、分格线。打孔安装木砖或木楔，深度应不小于40mm，木砖或木楔应做防腐处理。

(3) 龙骨间距应符合设计要求。当设计无要求时，横向间距宜为300mm，竖向间距宜为400mm。龙骨与木砖或木楔连接应牢固。龙骨/木质基层板应进行防火处理。

（4）饰面板安装前应进行选配，颜色、木纹对接应自然谐调。

（5）饰面板固定应采用射钉或胶粘接，接缝应在龙骨上，接缝应平整。

（6）镶接式木装饰墙可用射钉从凹样边倾斜射入。安装第一块时必须校对竖向控制线。

（7）安装封边收口线条时应用射钉固定，钉的位置应在线条的凹槽处或背视线的一侧。

3.48 制作安装软包墙面时应注意哪些方面？

制作安装软包墙面时应注意以下方面：

（1）软包墙面所用填充材料、纺织面料和龙骨、木基层板等均应进行防火处理。

（2）墙面防潮处理可采用均匀涂刷一层清油或满铺油纸的方式。不得用沥青油毡做防潮层。

（3）木龙骨宜采用凹槽榫工艺预制，可整体或分片安装，与墙体连接应紧密、牢固。

（4）填充材料制作尺寸应正确，棱角应方正，应与木基层板粘接紧密。

（5）织物面料裁剪时经纬应顺直。安装应紧贴墙面，接缝应严密，花纹应吻合，无波纹起伏、翘边和褶皱，表面应清洁。

（6）软包布面与压线条、贴脸线、踢脚板、电气盒等交接处应严密、顺直、无毛边。电气盒盖等开洞处，套割尺寸应准确。

3.49 软包工程的验收应符合什么标准？

以《北京市家庭居室装饰工程质量验收标准》为例，软包工程（包括室内墙面、门面各类软包工程）的验收应符合以下标准（表3-10）：

(1) 软包织物、皮革、人造革等面料和填充材料的品种、规格、质量应符合设计要求。防火、防腐处理应符合国家有关规定。

(2) 软包工程的衬板、木框的构造应符合设计要求，钉牢固，不得松动。

(3) 软包制作尺寸正确、棱角方正、周边平顺、表面平整、填充饱满、松紧适度。

(4) 单块软包面料不宜有接缝。织物裁剪时经纬线保持顺直。

(5) 软包安装平整，紧贴墙面，色泽一致，接缝严密、无翘边。

(6) 软包表面应清洁、无污染，拼缝处花纹吻合、无波纹起伏和皱褶。

(7) 软包饰面与压条、盖板、踢脚线、电器盒面板等交接处应交接紧密、无毛边。电器盒开洞处套割尺寸正确边缘整齐，盖板安装与饰面压实，毛边不外露周边无缝隙。

软包工程质量允许偏差和检验方法　　表3-10

项次	项　目	允许偏差(mm)	检验方法
1	垂直度	3	吊线、钢直尺检查
2	对角线长度差	3	用钢尺检查
3	裁口线条接缝高度差	1	用钢直尺和塞尺检查
4	上口平直	3	拉5m线(不足5m拉通线)用钢直尺检查

3.50 裱糊工程应符合什么标准?

以《北京市家庭居室装饰工程质量验收标准》为例，裱糊工程(包括聚氯乙烯塑料壁纸、复合纸质壁纸、壁布等裱糊工程)应符合以下标准:

(1) 壁纸、壁布的品种、质量、颜色、图案应符合设计要求，胶粘剂应按壁纸、壁布的品种配套选用。

(2) 裱糊的基体应干燥，表面平整。

(3) 裱糊前基层处理应符合下列要求：①混凝土或抹灰基层含水率不大于8%，木材基层含水率不大于12%。②新建筑物的混凝土或抹灰基层墙面在刮腻子前宜涂刷封闭底漆。③旧墙面必须清除疏松的装饰层并涂刷界面剂。④不同材质基层的接缝处应粘贴接缝带。

(4) 基层腻子应平整坚实，无粉化、起皮和裂缝。

(5) 壁纸墙布必须裱糊牢固，墙面应用整幅裱糊，各幅拼接横平竖直，花纹图案拼接吻合，色泽一致。

(6) 表面无气泡、空鼓、裂缝、翘边和斑污。

(7) 距墙面1.5m处正视不显接缝。

(8) 壁纸、墙布与顶角线、挂镜线、门、踢脚板交接处边缘垂直整齐无毛边。

(9) 阴阳角垂直方正，阴角处应断开搭接，阳角处包角无接缝。

3.51 涂饰施工的一般方法有几种?

涂饰施工的一般方法有三种：

(1) 滚涂法

将蘸取漆液的毛辊先按W方式运动将涂料大致涂在基层上，然后用不蘸取漆液的毛辊紧贴基层上下、左右来回滚动，使漆液在基层上均匀展开，最后用蘸取漆液的毛辊按一定方向再满滚一遍。阴角及上下口宜采用排笔刷涂找齐。

(2) 喷涂法

喷枪压力宜控制在0.4～0.8MPa范围内。喷涂时喷枪与墙面应保持垂直，距离宜在500mm左右，匀速平行移动。两行重叠宽度宜控制在喷涂宽度的1/3。

(3) 刷涂法

直接按先左后右、先上后下、先难后易、先边后面的顺序进行。

3.52 涂饰工程的验收应符合什么标准？

以《北京市家庭居室装饰工程质量验收标准》为例，涂饰工程(包括水性涂料、溶剂型涂料、美术涂料类)的验收应符合以下规定要求。

(1) 一般规定

① 涂饰工程所用涂料必须是环保达标的产品，其品种、等级、性能、颜色应符合设计要求和国家现行标准的规定。

② 涂饰工程的基层处理应符合下列规定：涂饰基层必须具有一定的强度，混凝土或抹灰层面涂刷溶剂型涂料时含水率不得大于8%，涂刷水性涂料时含水率不得大于10%，木材基层面的含水率不得大于12%；旧墙面应清除疏松旧装修层并涂刷界面剂。

③ 基层使用防水腻子的塑性、和易性应满足施工要求。

④ 腻子与基体结合坚实，附着牢固，不起皮、不粉化、不裂纹。

(2) 水性涂料涂饰工程(表3-11～表3-12)

薄涂料工程质量标准和检验方法　　表3-11

项次	项目	质量标准	检验方法
1	颜色	均匀一致	观察检查
2	返碱、咬色	大面无、小面允许少量轻微	观察检查
3	流坠、疙瘩	大面无、小面允许少量轻微	观察、手摸检查
4	沙眼、刷纹	沙眼大面无、小面允许少量轻微，刷纹通顺	观察检查
5	装饰线、分色线平直度	允许偏差不大于2mm	拉5m线(不足5m拉通线)用尺量检查
6	门窗、玻璃、五金、灯具	门窗洁净，玻璃、五金、灯具基本洁净	观察检查

厚涂料工程质量标准和检验方法　　表 3-12

项次	项　目	质量标准	检验方法
1	颜色	均匀一致	观察检查
2	返碱、咬色	大面无、小面允许少量轻微	观察检查
3	点状分布	在距离 1.5m 处正视疏密、均匀	观察检查
4	门窗、玻璃、五金、灯具	门窗洁净、玻璃、五金、灯具基本洁净	观察检查

注：表中所标“大面”是指室内门窗和固定木质家具门在关闭后正视面；表中所标“小面”是指除正视大面外视线所能见到的地方。

① 水性涂料涂饰工程应涂刷均匀、粘结牢固，无漏涂、透底、掉粉、起皮。

② 喷涂涂膜应厚度均匀、颜色一致、喷点均匀，喷点、喷花的突出点应手感适宜不掉粒，喷涂接茬处无明显接茬痕迹，表面洁净无污染。

③ 涂层与其他装饰物衔接处应吻合，界面应清晰。

(3) 溶剂型涂料涂饰工程

① 溶剂型涂料涂饰工程的细木制品基层表面必须洁净、平整、光滑，无裂缝等缺陷。

② 表面如出现色差，应修色或拼色使其颜色达到基本一致。

③ 溶剂型涂料涂饰应涂饰均匀，附着牢固，不得漏涂、透底、脱皮、斑迹。

④ 色漆涂料涂饰工程质量见表 3-13。

⑤ 施涂清漆工程质量见表 3-14。

色漆涂料工程质量标准和检验方法　　表 3-13

项次	项　目	质量标准	检验方法
1	颜色	均匀一致	观察检查
2	光泽、光滑	光泽基本均匀，光滑无挡手感	观察、手摸检查
3	裹棱、流坠、皱皮	明显处不允许	观察检查
4	刷纹	刷纹通顺	观察检查

续表

项次	项 目	质量标准	检验方法
5	装饰线、分色线、平直度	允许偏差不大于2mm	拉5m线(不足5m拉通线)用尺量检查
6	门窗、玻璃、五金、灯具	门窗洁净、五金无污染，玻璃、灯具基本洁净	观察检查

清漆工程质量标准和检验方法　　表3-14

项次	项 目	质量标准	检验方法
1	颜色	基本一致	观察检查
2	木纹、棕眼	木纹、棕眼木纹清楚，棕眼刮平，不得有缩孔沉陷	观察、手摸检查
3	光泽、光滑	光泽均匀，光滑无挡手感	观察、手摸检查
4	刷纹	无刷纹	观察检查
5	裹棱、流坠、皱皮	大面无、小面明显处无	观察检查
6	门窗、玻璃、五金、灯具	门窗洁净、五金无污染，玻璃、灯具基本洁净	观察检查

注：表中所标“大面”是指室内门窗和固定木质家具门在关闭后的正视面；表中所标“小面”是指除大面外视线所能见到的地方。

(4) 美术涂饰工程(套色、滚花、仿真等美术涂饰工程)

① 美术涂饰工程应涂饰均匀，附着牢固，不得漏涂、透底、掉粉、脱皮。

② 美术涂饰的套色花纹图案应符合设计要求，套色涂饰的图案不得移位，纹理和轮廓吻合清晰。

③ 仿花纹涂饰的饰面应符合设计或样板要求。

④ 浮雕涂饰的中层涂料颗粒应分布均匀，滚压厚薄基本一致。

3.53 进行油漆施工时应该注意哪些方面?

进行油漆施工时应该注意以下方面：

(1) 清除木制品及线条(木基层)表面灰尘污垢。

(2) 修整木基层表面的毛刺、掀岔等缺陷，用砂皮磨光，使边角整齐。注意磨面时不得过度，防止露底，不得横打砂皮，应顺木纹打磨。

(3) 用油性腻子(或透明腻子)进行批刮、磨光，复补腻子后磨光(用清漆时先补棕眼、钉眼，做局部修色工作)。

(4) 施涂第一遍油漆，复补腻子，磨光后清除表面灰尘。

(5) 施涂第二遍油漆，磨光后清除表面灰尘并用水砂皮进行水磨，修补挂油的部分。

(6) 施涂第三遍油漆，直至达到理想效果。

3.54 验收油漆工程时应该注意哪些方面?

验收油漆工程时应该注意以下方面：

(1) 家具混油的表面是否平整饱和。应确保没有起泡，没有裂缝，而且油漆厚度要均衡、色泽一致。

(2) 家具清漆的表面是否厚度一致，漆面饱和、干净，没有颗粒。

(3) 墙面乳胶漆是否表面平整、反光均匀，没有空鼓、起泡、开裂现象。

(4) 木质和石膏板顶棚的油漆一般为乳胶漆，应表面平整，板接处没有裂缝。

(5) 顶棚角线接驳是否处理顺畅，没有明显不对纹和变形。

(6) 墙纸拼缝是否准确，有无扯裂现象。带图案的纹理拼纹应准确，没有错门现象。

(7) 墙面有无污染现象，是否存在脏迹。

3.55 验收不同种类的油漆工程时要注意哪些方面?

家居装修油漆主要分清水漆、混油和混水漆三大类。

(1) 在验收清水漆工程时，要注意以下方面：

① 钉眼填充腻子灰必须与饰面板的颜色基本一致，且距离1.2m远肉眼看起来无明显色差，木纹必须清楚。

② 饰面清漆用手背摸无挡手感，用手掌摸应有丰富度、光

亮、柔和、边角平直。

③ 小面积不允许有裹棱、流坠、皱皮。

④ 颜色一致、无刷纹。

⑤ 五金配件、玻璃必须洁净，无油漆污染。

(2) 在验收混油工程时，要注意以下方面：

① 用手背抚摸，感觉有无挡手感，厚实度和丰富度如何，表面附着力强还是弱。

② 按验收标准，混油工程应无透底，颜色一致。

③ 小面积不允许有裹棱、流坠、皱皮等现象。

④ 边角平直，表面光滑柔和；五金配件、玻璃必须洁净。

(3) 在验收混水漆时，要注意以下方面：

① 要求1.2m远目测无色差、颜色一致，用手背抚摸无挡手感，用手掌抚摸有厚实感、丰富度，表面附着力强，透底木纹匀称一致。

② 小面积不允许有裹棱、流坠、皱皮等现象。

③ 边角平直，表面光滑柔和。

④ 五金配件、玻璃必须洁净。

3.56 装修验收时有哪些细节不容忽视？

按照《家庭居室装饰工程质量验收标准》(以下简称《标准》)进行验收时，以下六个细节不容忽视：

(1) 管道要注意防锈

目前在家庭装修中，金属管道的防锈问题往往被忽略。《标准》中要求明管应刷防锈涂料，暗管刷防腐漆。管道安装应横平竖直，坡度符合要求，阀门、龙头安装平正，使用灵活方便。

(2) 吊顶施工需防火

《标准》中规定木质吊顶应进行防火处理，龙骨不得扭曲、变形，安装要牢固可靠，四周平顺。吊顶位置要正确，吊杆应顺直。

(3) 门窗施工留意细节

在安装门窗时，铝合金门窗应选用不锈钢或镀锌附件；塑料门窗使用螺钉时，必须先钻孔，严禁直接锤击钉入。

(4) 壁纸正视不显缝

在铺贴壁纸、墙布时，《标准》要求各幅的拼接应横平竖直，距 1.5m 正视不显拼缝。壁纸、墙布必须裱糊牢固，表面色泽一致，花纹图案吻合，不得有气泡、空鼓、裂缝、翘边、皱褶、斑污和胶痕。

(5) 地面防水需上墙

有防水要求的地面(如厨、卫等)应在面层下做防水层，防水层四周与墙接触处应向上翘起，高出地面不少于 250mm，地面面层流水流向地漏不倒泛水、不积水、24h 蓄水试验无渗漏。

(6) 地板铺设随“光”走

在铺设木地板时，室内房间宜顺着光线铺设，走廊、过道宜顺行走方向铺设。木地板与墙之间应留 10mm 的缝隙，并用踢脚板封盖。

第4章

装修方案是对居家装修的整体构想，可以是业主对自己居住环境的规划，也可以是设计师针对户型的理性思考，但更多情况下是两者的糅合。本章从装修方案选定的角度，介绍了居家装修的风格种类；讲述了个人配色应该遵循的原则以及色彩设计的要点；又以功能分区的形式，分别介绍了客厅、卧室、餐厅、厨房、书房、卫生间等部位的装修方案和注意事项；并介绍了老年人房间、电脑房以及儿童房装修时应遵循的原则，提供给打算装修的居民做相应的选择。

4.1 装修风格都有哪些种类？

当前较为流行的装修风格大致可以分为古典风格和现代风格两类，在这两种大分类下面又有细分。古典风格分为中式古典风格、日本和式风格、欧式古典风格三种，其中欧式古典风格又可以分为巴洛克风格、洛可可风格、西班牙古典风格等；现代风格的种类有现代前卫风格、现代简约风格、新中式风格、新古典风格、地中海风格等。

4.2 中式古典风格有什么特点？

中式古典装饰风格讲究点缀的作用，强调木质家具的美感与清韵。在其装修过程中利用窗棂、屏风、对联、雕刻、国画等中国古典元素做局部装饰，往往可以达到“移步变景”的装饰效果。中式家具注重选材，采用梁柱结构，做工精细巧妙，给人传统大方的感觉。装修者在具体的处理中，可以采用木质装饰条和透明玻璃共同运用的做法，进行大胆的创新。

4.3 日本和式风格有什么特色?

日本文化起源于中国，日本的装修风格是受中国文化影响而形成的和式风格。该风格的一个特色是视点较低，受传统习惯的影响，日本人往往席地而坐，因此日式室内的家具比其他风格的家居要低；另一特色是采用和式木门，这种门方便推拉，节省空间，已经在我国很多家庭得到采用。日本和式风格的室内装饰装修比较简洁、变化少；色彩比较单纯，多采用浅木本色，透明涂饰，充分显现木材自然质感；造型简洁明快，质朴自然。

4.4 什么是巴洛克风格?

巴洛克风格是欧式古典风格的一种，它以浪漫主义精神为设计出发点，采用亲切柔和的抒情方式，追求跃动型装饰样式，以烘托宏伟、生动、热情、奔放的艺术效果。巴洛克家具利用多变的曲面，采用花样繁多的装饰，作大面积的雕刻、金箔贴面、描金涂漆处理，并在坐卧类家具上大量应用面料包覆手法。

4.5 洛可可风格具有什么样的特点?

洛可可风格又称路易十五式风格。洛可可风格是18世纪20年代起源法国的一种建筑风格，具有室内色彩明快、装饰纤巧、家居精致但偏于繁琐等特点，与巴洛克风格色彩强烈、装饰浓艳的特点不同。洛可可风格主要表现在室内装饰上，其特点是细腻柔媚，常采用不对称手法，以回旋曲折的贝壳形曲线和精细纤巧的雕刻为主要手法，以凸曲线为造型的基调，常用S形弯脚形式，追求轻盈纤细的秀雅美。在装饰题材上尤其喜欢采用贝壳、漩涡、山石等；在粉刷室内墙面时喜欢采用嫩绿、粉红、玫瑰红等鲜艳的浅色调，线脚大多使用金色。洛可可风格反映出法国路易十五时代宫廷贵族的生活情趣，曾风靡欧洲。

4.6　西班牙古典风格具有哪些特色?

西班牙是一个古老而热情的国家，这个国度的家具也同样激情洋溢，在色彩搭配上极其绚丽大胆。西班牙古典风格接近法国古典主义，借用建筑形式，有沉重的体量感，多用几何图形镶嵌以及皮革包衬和泡钉钉固。西班牙风格的家具在造型上较多地采用弧度与曲线，非常注重细节，尤其注重柔美线条的运用和一些装饰性题材的发挥，如精致细小的木料、丝绒、绳饰、雕刻等装饰点缀，它们几乎可以看作是西班牙家具的代表性元素。

4.7　现代前卫风格的含义是什么?

前卫风格追求无常规的空间结构，讲究新材料、新技术加上光与影的无穷变化，大胆鲜明并且对比强烈的色彩搭配，以及刚柔并举的选材。夸张、另类的直觉只是现代前卫风格中的一部分，更重要的是要注意色彩的对比和反差，注重选择新型材料的类别和质地。凸显自我、张扬个性的现代前卫风格已经成为时尚人类在家居装饰装修中的首选风格。

4.8　现代简约风格有什么特点?

现代简约风格的特点是简洁明快、实用大方，讲求功能至上，形式服从功能。由于“极简主义”的生活哲学普遍存在于当今大众流行文化之中，所以简单清爽的现代简约主义装修风格被越来越多的白领人士选用。同时简约风格注重时尚流行元素在居家装修中的应用，并且注重充分利用一切居住要素来达到生活的高舒适度。

4.9　什么是新中式风格?

新中式风格是中式风格在现代意义上的演绎，它在设计上汲取了唐、明、清时期家居理念的精华，在空间上富有层次感，同时改变原有布局中等级、尊卑等封建思想，给传统家居文化注入了新的气息。新中式风格的家具颜色都比较深，并且带有浓浓的书卷气息，这一风格最能彰显主人朴实无华的优雅气度。

4.10 新古典风格有哪些特点?

新古典风格具备古典与现代的双重审美效果，古典与现代完美的结合让人们在享受物质文明的同时也得到精神上的慰藉。新古典风格更多地使用现代技术、现代材料来表现绚丽、舒适的贵族生活，同样讲究材料运用上的反差，摒弃了过于复杂的机理和装饰，简化了线条，并将怀古的浪漫情怀与现代人对生活的需求相结合，是近年来流行的家居风格。

4.11 地中海风格有哪些特点?

地中海风格的特点是在组合上注意空间搭配，在色彩上选择自然柔和，充分利用每一寸空间，集装饰与应用于一体。它的色彩以自然柔和的淡色为主，在墙面、桌面等地方用石材的纹理来点缀；在设计上非常注重一些装饰细节上的处理，比如中间镂空的玄关，造型特别的灯饰、椅子等。此风格整体设计感觉温馨、惬意、宁静，适合白天工作十分忙碌的上班族，顶着压力在冷硬的工作环境中拼搏了一天后，让家成为心灵的休憩地。

4.12 个人做装修配色方案时应注意哪些问题?

以下是有关装修配色方案的一些小窍门，提供给喜欢 DIY (Do It Yourself，自己动手)的朋友。

其一，空间配色不要超过三种，其中白色、黑色不算色。

其二，金色、银色可以与任何颜色相配衬，金色不包括黄色，银色不包括灰白色。但金色和银色一般不能同时存在，在同一空间只能使用金或银的一种。

其三，家用配色在没有设计师的指导下最佳配色灰度是：墙浅，地中，家私深。

其四，厨房最好不要使用暖色调，黄色色系除外。

其五，地砖不要采用深绿色。

其六，不要把不同材质但色系相同的材料放在一起。

其七，要想制造现代明快的家居品味，就不要选用那些印有大花小花的东西(植物除外)，尽量使用素色的设计。

其八，天花板的色系只能是白色或与墙面同色系，而且天花板的颜色必须浅于或与墙面同色。当墙面的颜色为深色设计时，天花板必须采用浅色。

其九，空间非封闭贯穿的，必须使用同一配色方案；若是不同的封闭空间，则可以使用不同的配色方案。

4.13 在装饰装修过程中有哪些常规的空间配色方案?

下面是一些色彩的组合实例，它们被广泛用于家居装修系统中，表格中包括感觉、配色例以及室例，在此列出供读者们参考。

色的组合与感觉

感　觉	配色例	室　例
平稳，暖和	茶色系统及绿色系统	接待室，书房，寝室，厨房
平稳，单纯	茶色系统及奶色系统	接待室，书房，老人房
暖和，平稳	淡茶色系统及橙色系统	起居室，餐厅
雅致，单纯	淡茶色系统及灰色系统	接待室，书房，老人房
柔和的格调	淡灰色系统及淡紫色系统	寝室，女性卧室
有个性的	浓灰色系统及浓绿色系统	接待室，书房
柔和，活泼的	淡青色系统与橙色系统	起居室，儿童房
冷的，平稳的	淡青色系统与淡绿色系统	书房，儿童房，餐厅
清洁的，活泼的	淡青色系统与淡黄色系统	餐厅，厨房，儿童房
柔和，暖和的	奶色系统与粉红色	寝室，小孩房间
清洁，个性的	白色与其他颜色	接待室，起居室，厨房

4.14 色彩设计的要点是什么？

根据色彩专家们的建议，色彩设计的要点主要有以下几点：

(1) 决定颜色之前先决定材料，因为有些材料根本不需要上色。

(2) 决定颜色的顺序，顶棚、墙壁、地面等从大面积开始，反射率是顶棚80%，墙60%，地板30%左右。彩度，也就是色彩的鲜艳程度，顶棚最淡，地板最浓。

(3) 考虑到色彩的明晰度，选择颜色的时候，在明暗和浓淡上考虑有适当的差别。红色与绿色的搭配对比太厉害，使人心理上难受。

(4) 使颜色具有共同性，如同考虑色差，与此同时，在色相方面考虑近似感，这样总体上可以统一起来，在各个颜色中含有同系色，这是调和的基础。

(5) 色数不宜过多，基本上2～4种颜色就够了，因为色数的增加会使颜色效果变得淡薄。

(6) 鲜艳的颜色只用在小的部分，作为突出基调色的突出点来使用，如果用在大面积上，那室内的空气就被鲜艳的颜色夺走了。

(7) 流利地使用无彩色，在配色上添加无彩色就能增加调和感，即使是相性不好的颜色，从中添加白色，银色或者浅黄色就显得和谐。

(8) 在两处以上使用同一个颜色，譬如窗帘、坐垫、顶棚、和照明用具上用同一个颜色，这是颜色的交换技巧。

(9) 要配上看惯的颜色，眼生的配色会给人奇异的印象，如果配上四季的自然色、花草或小鸟的颜色，就会给人带来温柔感。

(10) 发挥独创性，表现时代感与风格也是一种方法，但是对建筑物整体的色彩设计上要有明确的概念，在这个基础上提出具有个性的按照不同房间的色彩设计。

4.15 怎样为厨房配色？

在大部分家庭的装饰装修中，厨房是作为一个独立的空间存在的，如果是封闭式的厨房，我们就可以把它的配色独立出来，自由选择喜欢的色彩搭配，脱离整体风格的束缚。以下介绍5种厨房配色方案：

(1) 原木色＋白色

如果喜欢尊贵细致的简约风范，那么安全的白色和原木色无疑是上上之选，温和得如沐春风，平静得如闲适的湖面，同时又自然随意，挥洒自如，空间更显和谐，与风格样式相映生辉，体现出使用者的品位和素养。在有限的空间打造自己的个性秀场，生活会因此多些意想不到的乐趣。

(2) 黑色＋白色＋灰色

如果喜欢古朴典雅的欧式风格，可以选择哥特式、地中海式家具，而这种古朴的风格，势必要以黑色或灰色作为主打色。黑白可以营造出强烈的视觉效果，把近年来流行的灰色融入其中，缓和黑与白的视觉冲突感，这种空间充满冷调的现代与未来感，理性、秩序而专业。

(3) 蓝色＋白色

蓝色给人一种冷静高贵的感受，源远流长的爵士乐，被迷恋的人们誉为“蓝调”。不是全部的宝石蓝，而是画龙点睛，真正激活了生命，让厨房生活有了动感，并且蓝色调有助于营造宁静的氛围，用蓝色装饰的厨房效果较好。根据色彩心理学，多看蓝色会令人情绪稳定，思考更具有理性。白色的清凉与无瑕令人感到十分自由，令人心胸开阔，居室空间似乎像海天一色的大自然一样开阔自在。

(4) 蓝色＋橘色

以蓝色系与橘色系为主的色彩搭配，表现现代与传统的交汇，碰撞出兼具现实与复古风味的视觉感受。这两种色彩能给予空间一种新的生命。

(5) 自然黄色+绿色

鹅黄色是一种清新、鲜嫩的颜色，代表新生命的喜悦，果绿色是让人内心感觉平静的色调，可以中和黄色的轻快感。这样的配色方法十分适合年轻夫妻使用。

4.16 对原有住房结构进行简单改造时要注意什么?

在装修中，特别是对原有住房结构进行简单改造的过程中，应当注意住房中的一些“禁区”，这些“禁区”都是在装修过程中不能拆改和破坏的，否则会破坏建筑的整体性，给正常的居住带来危险。另外还有一些“敏感区”。

(1) 装修中的“禁区”包括：

① 承重墙

装修中不能拆改承重墙。一般在“砖混”结构的建筑物中，预制板墙一律不能拆除或开门开窗；超过24cm厚的砖墙也属于承重墙，也是不能拆改的。而敲击起来有“空声儿”的墙壁，大多属于非承重墙，可以拆改。另外，有人在承重墙上开门开窗，这样会破坏墙体的承重，也是不允许的。所以，如果在装修中要拆改屋中的墙壁，最好请建筑专业的人确定是否为承重墙后再施工。在施工之前，还要报物业管理部门备案，得到批准后方可施工。

② 墙体中的钢筋

如果把房屋结构比成人的身体的话，墙体中的钢筋就是人的筋骨。如果在埋设管线时将钢筋破坏，就会影响到墙体和楼板的承受力。如果遇到地震，这样的墙体和楼板就很容易坍塌或断裂。

③ 房间中的梁柱

这些梁柱是用来支撑上层楼板的，拆掉后上层楼板就会掉下来，所以也不能动。

④ 阳台边的矮墙

一般房间与阳台之间的墙上，都有一门一窗。这些门窗都可以拆改，但窗户以下的墙不能动。这段墙叫“配重墙”，它就像秤砣一样，起着挑起阳台的作用。拆改这堵墙，会使阳台的承重力下降，导致阳台下坠。

⑤“三防”或“五防”的户门

这些户门的门框是嵌在混凝土中的，如果拆改就会破坏建筑结构，降低安全系数，而且重新安装新门会更加困难。

⑥ 卫生间和厨房的防水层

如果破坏了卫生间和厨房的防水层，楼下就会变成“水帘洞”，所以更换地面材料时，一定注意不要破坏防水层。如果破坏后重新修建，一定要做“24h 渗水实验”，即在厨房或卫生间中灌水，24h 后不渗漏方算合格。

(2) 装修中的“敏感区”包括：

① 卫生间的蹲便器

如果要将老房子的旧式蹲便器更换成坐便器的话一定要慎重，因为蹲便器一般都是前下水，而坐便器一般都是后下水，所以更换坐便器，就意味着要更改下水管道。这种装修的施工难度较大，而且必须破坏原有的防水层，安装不当的话，不是楼下渗水，就是马桶不下水。

② 暖气和煤气管道

安装和拆改煤气管道，必须请煤气公司的专业施工人员进行，装修公司不能“代劳”。在装修管道时，不能遮盖水表、电表和煤气表。对于暖气管道同样要谨慎从事，因为暖气在室内的位置，直接影响到冬季室内的温度。如果拆改不当，不是取暖受影响，就是暖气跑水。

③ 原有的钢窗

有些住户因为原有的钢窗不好看，就换成了美观的铝合金窗，但是也要注意铝合金窗的质量是否过关。目前少数装饰公司为了图便宜采用小规格的型材，或干脆以次充好，所以有些铝合金窗的坚固程度远远逊于钢窗，使用这样的铝合金窗容易造成脱落，在高层建筑上尤其如此。

4.17 如何运用客厅主题墙定义居室精神?

在如今的客厅设计中，主题墙已成为展现空间魅力的“主角”。“主题墙”——这一从公共建筑装修中引进的新名词，已经在室内设计装饰中被普遍使用，并且成为体现居室精神的重要手段之一。关于客厅主题墙有以下几种模式：

（1）视听主题墙

客厅中视听主题墙比较多见，由于视听主题墙地处客厅的中心位置，所以容易成为人们视觉的聚焦点。视听主题墙的设计应在其空间功能的基础上，根据其空白面积的多少进行构思。材料的使用可以是无限制的，但应体现主人的个性，并把其独特的品位引入其中。由于视觉的特殊功能，在视听设备的正后面选择有吸声功能的材料会更好地体现它的功能性，如吸声好的地板、纹理粗糙的壁纸、有肌理效果的石材或故意做出的粗糙墙面等。另外，运用这样的材质，还能在墙面上拼贴出异乎寻常的画面效果，形成丰盛的视觉回馈。

视听主题墙的设计首先要注意严整，避免零乱；其次在保持色彩和材质新颖别致的同时，也应注意不要与整体的客厅环境相矛盾，除非墙面很小，可以被当作展示个性的角落，否则越大的墙面越应该注意整体的和谐。

（2）会客区的主题墙

会客区是接待客人的场所，所以应利用会客区主题墙来营造一种热情、好客并且舒适的氛围。通常在沙发背后有很多可以利用来挥洒创意、体现个性、发挥灵感的空间。在这个空间里，可以挂上一个大尺码绘画，或是挂一个无需占用很大面积的雕塑，或是将一组线条流畅的家具点缀在墙壁前，摆出一组静物的感觉，让生活的温馨弥散于整个空间。同时，也可以用大气的绿色植物进行点缀，共同营造居家气氛。

（3）壁炉主题墙

现代的许多居家装饰风格都来于欧洲，有些喜欢欧式浪漫风格的人，便想到在自家的客厅中也配以壁炉作装饰。在有壁炉的客厅中，壁炉往往成为人们视线的聚集点，自然而然的，壁炉上的墙面成为人们视觉的中心。需要注意的是，虽然有了模仿欧式风格的初衷，但千万不要在壁炉主题墙的装饰上有模仿抄袭的痕迹，而是要在墙面上做出富有个性的软装，或者配饰品，这样会有出彩的效果，令人眼前一亮。

(4) 玄关主题墙

客厅中玄关的面积并不大，墙面的设计要在小空间中创造出不平凡的场景很不容易，但如果设计得成功，则会产生出其不意的效果。首先，因为一般情况下进门处的场地都比较狭窄，而且光线暗淡，因此玄关墙面应使用干净明亮的色彩，同时选择的材料光洁度要高，有很好的反射面；其次，材料要有特点，如金属、玻璃都有很出彩的原料，可以使原本暗淡的环境明亮起来，让客人在进门的第一时刻就能有亮丽的感觉；再次，色彩要有对比，而且对比越强越好，但色块不宜过多，以免令人感到杂乱。

(5) 楼梯主题墙

在复式型结构的居室或是别墅中，楼梯的墙面也可以成为装饰的重点，为具有居家情调的大客厅空间出一份力。选一些自己喜好的装饰品，或者利用木质、玻璃来塑造整体墙面，或者让多才多艺的小主人作画一幅，来点缀丰富的楼梯墙面空间，也许会收获意想不到的效果。

4.18 客厅吊顶的做法有哪些?

常见的客厅吊顶的做法有以下几种：

(1) 中空型

在客厅四周做吊顶，中间不做吊顶。这种吊顶可用木材夹板成型，设计成各种形状，在吊顶的四周安装射灯或筒灯，在中空的中间搭配上上新颖的吸顶灯，这样会在视觉上增加视觉的层高，比较适合于大空间的客厅。

(2) 层次型

将客厅四周的吊顶做厚，而中间部分做薄，从而形成两个明显的层次。这种做法要特别注意四周吊顶的造型设计，在设计过程中还可以加入装修者自己的想法和爱好，从而可以把吊顶设计成具有现代气息或传统气息的不同风格。

（3）四周型

在天花顶四周的顶角线运用石膏做造型。石膏可以做成各种各样的几何图案，或者雕刻出各式花鸟虫鱼的图案，这种装修方法具有价格便宜，施工简单等特点，只要其装饰效果和房间的装饰风格相协调，便可达到不错的整体效果。

（4）水平型

如果客厅的空间高度充裕，那么在选择吊顶时，就可以选择如玻璃纤维板吊顶、夹板造型吊顶、石膏吸音吊顶等多种形式，这些吊顶在造型上相当美观，又有减小噪声的功能，是最为理想的选择。

4.19 在装修过程中怎样做才能达到卧室的最佳舒适度？

处理这个问题有一些原则可以遵循，卧室的涉及的核心就是床和衣橱，其他的摆设可以依据个人喜好添加。建议如下：

（1）睡床和衣橱采用同一材质和色系，这样看上去会不仅美观得体，而且会使心情舒畅。

（2）卧房形状适合方正，不适宜斜边或是多角形状。斜边容易造成视线上的错觉，多角容易造成压迫感，从而增加人的精神负担，长期以来容易患疾病。

（3）卧房应设有窗户，这样空气得到流通，白天可以自然采光，使人精神畅快，而晚间窗户应备有材质厚重的窗帘，挡住户外夜光，使人容易入眠。

（4）睡觉时最讲求安全和安静，房门是进出房间的必经之所，因此房门不可对正睡床或床头，否则睡床上的人容易缺乏安全感，并且有损健康。

（5）卧室不宜摆过多的植物，过多的花草植物容易聚集阴气，并且不少植物于晚间吸收氧气、释放二氧化碳，容易影响人的生理健康。

（6）卧室灯光可以调节，适应人在不同情况下对照明的要求。

（7）安置足够的收纳柜来存放杂物，以免房间过于凌乱。

4.20　装修老年人的房间时有哪些注意事项？

装修老年人的房间，要设身处地从老人的角度考虑问题，人老了在体力、视力方面都有下降，但其对居住环境的要求却在升高。以下是装修老年人房间时的注意事项：

（1）睡床不要过于柔软，很多老年人不适应高级的沙发床，而且床的高度要便于老年人上下、睡卧以及卧床时自取床下的日用品，不至于稍有不慎就扭伤摔伤。

（2）居室的色调要柔和、素雅、沉稳、大气。

（3）家具的选择也要以方便老人存取为佳，存放柜应做成可以调节高度的形式，这对老人的体格和调整取物的姿势都比较方便。另外，家具不要有突出的棱角，防止老人碰伤。

（4）地板或地砖都要有防滑措施，以免老人滑倒。

（5）采暖和通信设备同样重要，老年人采暖最好要用地面嵌入式采暖系统，符合“头寒脚热”的原理。安装通信设备是为了使老人与家人联系方便。

（6）由于老人一般都喜欢安静的环境，所以要在房间内采取隔声措施。

4.21　儿童房的装修应该遵循哪些原则？

现在有不少家庭为自己的孩子专门设计了儿童房，这样以来不仅有助于孩子的健康成长，也可以锻炼孩子的自理能力。儿童房的装修应该注重安全、舒适等方面，还要有益智的功能。

首先，安全包括房间内电器插座的使用安全，室内空气及地面清洁的健康安全，还有家具、饰物等的性能安全。要做到这些，儿童房就应该安装拔下插头电源孔就自动闭合的安全插座，保持良好的室内空气流通，要有防滑功能的地板，要及时清扫房间内的灰尘及垃圾，要选用适合儿童身高并没有挤伤、绊倒等安全隐患的家具，等等。

其次，满足了安全的要求后，下一步考虑的就是舒适了。儿童房的织物、地面等最好选用柔软、透气性好的材料，不过床垫不能柔软到影响儿童的骨骼发育，枕头不要蓬松到影响儿童呼吸，市场上出售的荞麦枕头和蚕沙枕头对儿童的发育有好处，不妨买来一试。

最后，考虑到益智，房间的装修要带一些鲜亮的颜色，如粉红和粉蓝。房间色彩鲜亮好处多，可以改善室内亮度，训练儿童对色彩的敏感度，还能培养他们开朗向上的性格。房间要摆放一些造型别致的饰物，有利于培养孩子的审美情趣。另外，房间内的灯光要光线充足，均匀柔和，这样才能给孩子营造健康的视觉空间。

4.22 在书房的装修与装饰中应该注意哪些问题？

伴随着人们住房条件的改善，拥有一个独立的书房，已不是人们的梦想。对这个独立的工作空间，每个人有着不同的要求和标准。因此，书房可以根据人们不同的爱好、情趣，装修布置成风格情调不一的各种书房，比如突出情趣个性的装修，或适合职业特点的装饰。

书房需要满足的基本条件有安静、明亮、秩序、雅致。要达到书房的安静，在装修书房时要选用那些隔声吸声效果好的装饰材料，天棚可采用吸声石膏板吊顶，墙壁可采用 PVC 吸声板或软包装饰布等装饰，地面可采用吸声效果佳的地毯，窗帘要选择较厚的材料，以阻隔窗外的噪声。明亮即在白天时尽量采用自然光，在夜晚用灯光辅助照明，长臂台灯由于高度和方向能够调节等优点，备受广大业主的青睐。秩序就是在书籍、报刊的摆放上要井然有序，这个时候一个功能强大又存取方便的书橱不可或缺，如果书房的空间比较小，可以选择直接在墙壁上装修书架，这样以来墙壁与书架浑然一体，简洁美观。雅致就需要根据主人的喜好来布置，或者在墙上挂一幅山水画，或者一些别致的物件，都能反映出主人的审美特色。

4.23 电脑房的装修应该注意哪些问题?

对于经常使用电脑的业主来说，最理想的是专门开辟一个用电脑办公的空间，这样会免除许多麻烦。在设计这一类的房间时，不妨从以下四个方面入手：

(1) 通风要好

电脑需要良好的通风环境，一般不宜将电脑安置在密不透风的房间内。门窗应能保障空气对流通畅，并且有利于机器的散热。电脑房的窗户上要装有窗纱，以保证既通风又能够阻挡室外尘埃的飘入。

(2) 温度要适当

电脑房的温度最好控制在0～30℃之间，这样的温度有利电脑正常工作。因此，电脑摆放的位置有三忌：一忌摆在阳光直射的窗口；二忌摆在空调器散热口下方；三忌摆在暖气散热片或取暖器附近。

(3) 湿度要合适

电脑房的最佳相对湿度是40%～70%左右。湿度过大，会使元件接触性能变差或发生锈蚀；湿度过小，不利于机器内部随机动态关机后储存电量的释放，也易产生静电。

(4) 色彩要柔和

电脑房的色彩既不要过于醒目，又不宜过于昏暗，而应当取柔和色调的色彩装饰，如淡绿的墙裙，浅褐色的地板，鹅黄色的窗帘。由于绿色既可调节眼睛疲劳，又有增加室内大自然气息的作用，所以，在电脑房内养植两盆诸如万年青、君子兰、文竹、吊兰之类的花卉是相当好的。在电脑附近摆放一盆仙人掌还有吸收电脑辐射的功能。

4.24 餐厅装修中应注意哪些要点?

对于整个家装工程而言，餐厅的装修难度相对较低，并不需要特别的工程方面的注意，其装修要点，主要集中在下面几个方面：

（1）餐厅的风格

在决定装修之初对餐厅的风格就应该有所考虑，如果餐厅和客厅相连，其风格应该与客厅的风格一致或者相近，色彩方面也要搭配和谐。餐厅的主体部分就是餐桌，所以在装修前期，就应定夺好餐桌餐椅的风格。它们的风格对应是这样的：

① 玻璃餐桌：对应现代风格、简约风格。

② 深色木餐桌：对应中式风格、简约风格。

③ 浅色木餐桌：对应地中海风格、欧式风格。

④ 金属雕花餐桌：对应欧式古典风格。

⑤ 简炼金属餐桌：对应现代风格、简约风格、新古典风格。

（2）餐桌餐椅的选择

餐桌的选择需要注意与空间大小的配合。小空间配大餐桌，或者大空间配小餐桌都是不合适的。所以，应该测量好所喜好的餐桌尺寸，并拿到现场做一个全比例的比较，这样会比较合适，避免过大过小造成的不和谐感。餐桌布宜以布料为主，目前市面上有多种餐桌布料可供选择。如果使用塑料餐布，则在放置热物时，应放置必要的隔热厚垫，如果使用玻璃桌面，更应该采取避免局部受热的防范措施。

（3）餐桌与座椅的配合

餐桌与座椅一般是配套的，如果要根据自己的喜好分开选购，则需要注意保持一定的人体工程学距离(椅面到桌面的距离以 30cm 左右为宜)，过高或过低都会影响正常食用姿势，引起胃部不适或消化不良。

4.25 如何打造完美厨房?

对厨房来说，首先要保证它的环保性和实用性。一个完整合理的厨房是由洗物区、料理区、烹饪区三个区域所组成，它们组合成一个舒适便利的三角工作区。鉴于中国家庭做饭油烟较多的特点，将厨房做成封闭式的比较好，或者做个隔断将油烟区和无油烟区分开，以免烹饪过程中产生的油烟影响到居住者的身体健康及污染室内环境。以下是厨房装修的程序和要求：

(1) 四周墙壁墙面选择单一的浅色墙砖从地到顶满面铺贴，这样在视觉上给人感觉清洁明亮，在日常生活中便于保洁和清洗。

(2) 地面可选用容易清洁的防滑材料铺设。

(3) 选用美观的方形带孔铝扣板吊顶，不怕腐蚀，色泽美丽，便于拆洗。

(4) 色彩一般可选择单色调、浅色系。单色调、浅色系因有扩散性和后退性，使居室能给人以清新开朗、明亮宽敞的感受。橱柜不宜使用黑色、咖啡色等较暗的颜色，而一些白色、浅灰色或明亮的奶黄色、浅蓝色等都是不错的选择。

(5) 洗菜池应镶嵌在锅台板内，选择陶瓷水槽或者不锈钢水槽。安装不锈钢水槽时，要保证水槽与台面连接缝隙均匀，无渗水现象。安装水龙头的时候，不仅要求安装牢固，而且上水连接也不能出现渗水现象。

(6) 照明要兼顾识别力，厨房的灯光以采用能展现蔬菜水果原色的荧光灯为佳，这不单能使菜肴发挥吸引食欲的色彩，也有助于主妇在洗涤时保持较高的辨别力。

(7) 管线布置注重技巧性，随着厨房设备电子化的推进，除冰箱、电饭锅、抽油烟机这些基本的厨房设备外，还有消毒碗柜、微波炉、各种食物加工设备等等，故而插头的分布一定要合理而充足。

(8) 橱柜的门板建议配置爱普板或进口防火板，台面建议配置蒙特利人造石或进口防火板，五金建议配置进口铰链(海福乐、法拉利等)、抽屉(布鲁姆、梅普拉、格拉丝)、不锈钢拉篮、不锈钢单盆、简便式龙头，电器建议配置中式深型烟机、双眼灶盘、消毒碗柜。

4.26 卫生间为什么要做到“干湿分区”?

普通家庭在一个卫生间内要实现的功能通常包括方便、洗漱、淋浴、浣洗拖把，甚至洗衣服等。而这些功能中除“方便”外，其他活动几乎都可能使水花四溅，尤其是洗浴完毕后会在卫生间墙上、地上留下水渍以及浓浓的一层水汽，如此一来，不仅容易使人滑倒，还需要经常擦抹打扫以避免因潮湿而滋生细菌。干湿分区的作用正在于此——合理地把“方便”和“清洗”分成两块不同的区域，使其互不干扰。

4.27 如何装修才能实现卫生间的“干湿分区”?

如果卫生间空间较大，面积在 $10m^2$ 左右，那么在设计干湿分区时，就可将衣柜和化妆间也设计到卫生间里面，一边是储藏衣物和化妆区域，而另一边则是洗漱沐浴区域；如果卫生间的空间较小，面积在 $5m^2$ 左右，这样的空间则可以用玻璃或者其他材料将马桶与浴缸分隔开来，一边是方便区域，另一边是沐浴区域。

干湿分区的方式有好几种。最简单的方法是安装淋浴房把洗浴单独分出，可以有效地避免水花、水气扩散。淋浴房一般会设置在卫生间里面的角落，其最突出的作用是能够让外面的区域保持干爽。市场上的淋浴房品种多样，按平面形状不同来分有正方形、长方形、扇形、钻石形等。

在处理浴室地面时可选择不同材料来划分干湿区域，在安置浴缸、淋浴器的地方用耐水性能好的瓷砖、马赛克等材料，而在入口、洗脸池附近选用防水的室外地板等脚感舒适的材料；若浴室内安装的是浴缸，则可采用玻璃推拉门进行隔断，也可装一道浴帘来遮挡水花。安装浴帘进行隔断的方法最简单、经济，而且不同风格、图案的浴帘还会给浴室增添情调。

4.28 如何发挥楼梯在居室中的装饰功能?

在具备楼梯的居室，楼梯除了具备上上下下的使用功能，还是一处可以挥洒创意的空间，只要装修得当，楼梯部位就会成为一处令人过目难忘的景观。

现代简约风格的装修中，常采用钢结构的楼梯，配置镂花玻璃或者磨砂玻璃，简洁明快的线条勾勒居室的琅琅清韵；在古典欧陆的装饰风格中，常采用金属材质的铁艺楼梯，在扶手和栏杆处精雕细琢，展现洛可可式的精致优雅；富有时代气息的设计，楼梯通常采用条纹清晰，着色清淡或者用自然原色的踏板，再配以设计简单的扶手；比较古雅的房间，楼梯则可采用形状高纤的栏杆柱以及涂上较深颜色、设计华美的扶手。旋转式样的楼梯最为节省空间，单跑楼梯占地较多，开放式的楼层采暖、制冷时耗能较多。

4.29 工薪阶层如何进行装修?

工薪族家庭装修的要点是方便、简洁，经济，实用，但不失温馨。工薪阶层的装修从设计上来讲，可避免华而不实的项目，如吊顶、墙裙，客厅地面不必铺设木地板，主题应该定位于“重装饰，轻装修”。

既然是“重装饰”，当然要在软装饰和装饰品搭配上下点功夫。客厅、餐厅等突出位置可以去宜家家居或者特色灯具店选购有特点的灯具；窗帘应去高档家居城选择与家居色彩和谐搭配中高档布艺；最好请装修公司的设计师设计配饰方案，并在专业人员的陪同下购买装饰画和小装饰品。

“轻装修”就是根据各个房间的功能定下其装修基调。客厅里的装修，应体现主人的文化素养和情趣，墙面漆白色乳胶漆，在房顶和墙面连接处应钉木角线，可漆成乳白色或灰色，体现出房间的立体感；墙底钉木角线，漆成深紫色或深灰色，体现出房间的层次感；地面可铺枣红色地砖，这样给人的感觉就是整体造型简洁，色彩红白相映、鲜明亮丽。卧室是休息的场所，装修时应首先考虑怎样保持卧室环境的安宁，墙面可漆成使人感到优雅、宁静的浅蓝色或浅绿色，地面可铺腈纶地毯或塑料地板革，窗帘可选择富于生机、但不给人躁动感的图案与色彩，房间可安装光线柔和的吸顶灯和床头灯。厨房可安装一个无烟灶台，设置一组合吊柜，再砌一个案台，这样整个厨房不仅免除了油烟之苦，而且又显得宽敞了些。卫生间要求突出一个“洁”字。墙面可用白瓷砖，地面可用深色防滑瓷砖，浴缸、洗脸台、抽水马桶可选择国产的价格适中的产品。这样的装修费用加起来在3万元左右，符合工薪阶层的经济承受能力。

4.30 二手房装修过程中要注意哪些细节？

二手房由于年代久远和早期装修的原因，常常存在一些隐患，所以在装修改造的时候要特别注意隐蔽工程中的水电设施和结构工程，业内人士提醒业主要合理改造，杜绝后患。

（1）电路改造

楼龄较长的二手房普遍存在电路分配简单、电线老化、违章布线等现状，在装修时必须彻底改造。按规定，现代家庭中的电路至少要有四个回路，即照明一路、空调一路、插座三至四路。这样做的好处是，一旦某一线路发生短路或其他问题时，停电的范围小，不会影响其他几路的正常工作。况且现在许多家用电器用电功率都比较大，重装修时需要把老电线全部更换成新的铜芯线。对于一些自身功率大的电器，如空调之类，在埋线时必须使用PVC绝缘护线管，增加其安全系数。

（2）水路改造

很多二手房原有的水路管线呈现不合理的布局，在重装修时一定要对原有的水路进行彻底检查，看其是否锈蚀、老化，并进行合理的改造。如果原有的管线使用的是镀锌管，则最好更换为铜管、铝塑复合管或PPR管。

（3）结构改造

二手房的房屋结构总有些不合人意的地方，存在户型面积太小、功能分布不合理、采光不合理等“毛病”。为了将房屋原有结构进行重新整合，扩展居室使用空间，大部分业主都会对部分墙体进行适当改动。这时就应该注意，如果房子的墙体是砖混结构的，改造切忌打墙；如果房子的墙体是框架的，应该事先对结构进行了解，不要“伤”到承重墙体，留下安全隐患。

第 5 章

家居装修中的技巧

在家装中合理地利用各种技巧，往往能达到意想不到的效果；而在一些细节方面，适当的运用技巧，更是能让你的装修得心应手。本章将介绍在家居装修的过程中，一些能让人事半功倍的经验和技巧。

5.1 打造舒适家居有什么窍门？

家是人心灵的港湾，如何用我们的手、我们的心，为自己、家人打造一份舒适呢？

（1）选用颜色

有实验表明，家居装修中过多使用单一的颜色会对身体产生不良影响。例如，家里深蓝色过多，时间久了，会使人产生阴气沉沉、消极的感觉；紫色过多，容易使人产生无奈的感觉；漆粉红色是“烦”色，容易使人感到心情暴躁，从而引发口角之争；绿色过多(非自然色，而是人工调配)，也会使人的意志消沉；红色过多，会给眼睛带来负担；黄色过多，会使人心情忧虑；橘色过多，会使人心生厌烦。

专家认为，住宅中的最佳颜色为乳白色、象牙色、白色三种，因为它们最适合人的视觉神经。从心理角度来说，由于太阳光是白色系列，代表光明，使用白色可以调和人的眼和心。也有一些专家认为，木材原色使人易生灵感与智慧，是最佳色调，尤其是书房部分，最好选用木材原色。

（2）靠近磁场

道家认为，人体是一个小宇宙，也存在一个磁场，头和脚就是南北两极。人在睡眠时，最好能采取南北向（和地球磁力线同向），这样能使人在睡眠状态中重新调整由于一天劳累而变得紊乱的磁场，对身体健康极有好处。在挑选住宅楼的时候，尽量挑选正南北向或正东西向的住宅，这样卧床才能接近正南北或正东西的方向。

（3）妙用园艺植物

园艺植物除了能够净化空气外，还具有其他一些令人意向不到的功用。例如，白色的花能够促进人际关系；黄色的可以激发人向上的力量；蓝色的带来祥和、冷静的判断力；红色的能够激活人的精神；绿色的有助于健康；紫色的则可增加艺术感；若主人平时容易焦躁不安、抑郁悲观，则可以摆设绿、白、紫三种颜色搭配的花。

（4）家居挂画

从家居挂画中可以间接了解房屋主人的性格和喜好。一般来说，柔和的风景画，例如日出、湖光山色、牡丹花等可使人松弛，感到舒适，有益于健康。家居中亦可采用仙、佛的图画，但以颜容亲切、表情祥和的为宜。

5.2 如何装修低矮住房？

从现在中国房屋的建筑格局来看，有相当大一部分房子的净高都在2.7m以下，一旦装修就会使房间显得低矮。下面为读者介绍几种方法，解决既要装修房屋又不想让房间看起来太低的矛盾。

（1）巧做墙壁装饰的文章

装修墙壁时，宜选择垂直线条而不是横线条的墙饰，或者最好选用细致碎小的图案来完成从天棚到地面的装修。这样会给人以立体的远视效果，以增高房间的空间感。还可以采取“四周吊顶，中间留灯池”的做法。此种做法的吊顶可用木材夹板做成型，然后设计成各种形状，再配以射灯和筒灯，在不吊顶的中间部分配上较新颖的吸顶灯，达到空间“增高”的效果，面积较大的客厅效果会更好。

（2）房间“天空”巧装饰

天棚作为房间的“天空”，最好不要采用悬挂式吊顶，而应采用贴饰法吊顶。材料选用石膏即可，因为石膏吊顶造型细致、美观多样，且价格低廉、施工方便。在造型上以精细小巧为佳，还可将整个天棚分割成几个部分，给人以错落有致的空间感，避免整个天棚图案过大造成压抑感。

（3）使色彩有空间感和深度感

明度高的色彩使人感到空间上的距离要近一些，而明度低的色彩则远一些；明度高的暖色给人以膨胀感，明度弱的冷色给人以后退、扩充的感觉。因此，低矮住房墙壁及天花板的色彩应选用明度低的冷色(扩充色)，如青、蓝、紫等色，而尽量少用红、橙、黄等暖色。

（4）处理好室内光线

室内的光线效果是室内空间形象给人的第一感受。光线不充足的房间使人感到压抑，而光线亮的房间则使人感到开阔、明朗。因此，在布置低矮房间时，应尽量多用透明度强的材料，尽量扩大门和窗户的面积，以增加房内亮度。

（5）采用合适的家具

由于在视觉空间中，物体之间的比例和尺寸是相对的，因此合理地选用和布置家具，能改变人的空间感。低矮住房在选用家具时，首先应挑选清新淡雅的颜色，例如以乳白、淡黄或浅紫等为好，这样可以让人感到明快、宽敞，如果选用深颜色家具就会给人沉闷、狭小的感觉；其次要合理布置家具，为尽量利用空间，可考虑选用组合橱柜或墙上挂橱，这样会大大减少占用房间的面积。

(6) 布置挂饰时考虑增加狭长感

可以采用“加长”挂饰的方法，利用人的视觉差别，使低矮房间看起来比较“宽敞”。例如，窗帘要尽量加长，字画采选用竖长幅的样式，尽量避免在室内悬挂横长的挂饰等。

(7) 正确应用线条及纹理

线条能体现空间感，因此在装饰墙面时应尽量体现竖线条，使房间显得高而宽敞。例如，在墙面上悬挂大海或森林的风景画。由于竖线条的关系，房间空间被“加高加大”了。

(8) 注重对地面的处理

如果铺设木地板，最好首选无龙骨的，因为设置龙骨会损失一些有效空间。为了增加地板的美感，可考虑在无图案的地面上铺上地毯加以装饰，达到转移人的注意力，忽视空间不足的目的。地面的基本颜色以尽可能接近四壁颜色为好，也可略深一些。

5.3　多角型户型怎样整合边角空间?

在家居空间的设计与布局中，看似零碎的边角空间经过人们的巧妙利用，往往能达到意想不到的效果。

(1) 利用平面发挥房间最大利用价值

巧妙利用墙面交角处的空间，能使房间达到最大的利用价值。利用平面形成的三角形，可以规划出能容纳更多物品的收纳空间。例如，根据房间具体情况定制的组合家具，能很好地解决如何合理利用墙角和小块面积的问题。又如，将墙拐角的角柜设计成 360°旋转角的通高柜，或是将推拉门或推拉抽屉设计成符合使用习惯的独特家具等，都是不错的选择。

(2) 竖向设计可甩开水平面积受限束缚

在实际生活中，怎样处理水平面积有限但竖向尺度较大的空间呢?

① 最常用的方式

房间采用分层设置，中间以坡度较大的楼梯或转梯相连。这样做的好处是成倍扩大有效使用面积，使空间富于变化。

② 丰富空间的方式

根据物品功能竖向设计书架、写字台、电脑桌、储物柜等，使之收放自如，充分利用空间。还可以从屋顶上吊下吊柜，吊床，以丰富空间。

③ 灵活自如的方式

利用木质、竹质、不锈钢、合成纤维等制成可以卷起软质吊墙。这类软质吊墙可以根据需要上下拉动，从而使室内空间随着主人的需求可分可合，变大变小，方便家居生活。

(3) 利用架子高效弥补空间利用不足的缺陷

架子以它多变的形式、科学的组合方式和简便的安装充分弥补了空间利用上的不足。架子的设置能够有效开发角落等边缘空间，使储物空间更灵活，取用更方便，视觉上也更富于变化。

(4) 重塑多角形空间，巧用零碎空间

中国人讲究住家格局必须方正，经常将多余的角落切去。形成方正空间后，剩下的零碎空间便难以规划。专家建议可以将余下的三角形或多角型的异形空间规划为与其相邻的主空间的附属空间。例如客厅旁的异形空间可以用作简单的起居室或书房，卧室旁的可改成为更衣室。

5.4 装修老房子时，如何利用边角空间？

在装修20世纪八九十年代的房子时如何利用边角空间，才能达到满意的效果呢？

(1) 阳台里面放冰箱

在阳台上拉上灯和插座，冰箱置于阳台一角，这样既可以节约室内空间，又可减少冰箱的噪声影响。

(2) 屋顶角落吊壁柜

在墙上安个吊柜，将暂时用不着的被褥、衣物置于其中，可节约一部分空间。

(3) 厨房散热器进卧室

值得提出的是，改造前要首先得到物业部门的许可。得到许可后，将厨房的散热器挪到阴面卧室里。这样做既节省了厨房空间，又保证了阴面卧室的温度。

(4) 利用散热器空间

在包暖气片的时候将散热器片旁边的地方做成壁柜，装一些不怕挤压的衣物，将散热器立管旁做成搁物架，展示家居饰品。

(5) 迷你衣柜当补充

平时穿的衣物怕压，高大的木制衣柜挡光又占地方，经济实惠的迷你衣柜最合意。

5.5　怎样储物可以使小空间变大?

怎样变革储物方式，使空间由小变大呢?

(1) 使用床底储物盒

人们过去习惯在床下添加抽屉存储物品，现在，采用具有不同风格、功能的床底储物盒可在传统的方式上再添新鲜色彩。例如，藤编搭配的钢质盒框不但可以容纳类似冬天用的厚重被褥、枕头等大物什，其竹藤外观还可以给主人带来西方乡村的气息，让卧室看起来与众不同。

(2) 利用多功能储物桌

多功能储物桌在房间不同的位置可以发挥不同的功用：在卧室中，可以存放贴身内衣，合上盖子，可成为脚凳；在客厅中，可收纳额外的毯子、靠垫等家居装饰用品，盖上桌面，又可成为一个别致的桌子。

(3) 利用沙发内藏物

专为沙发配置的床底储物盒，可放置冬季使用的沙发垫、沙发套，或可平展地放入冬季的大衣及其他易皱的衣物。

(4) 利用衣柜轻松组合

手套、袜子等小东西可以装入抽屉柜和衣柜的储物盒。开放式储物组合可使存放的东西一目了然，省去了不必要的找寻时间。

5.6　怎样使小卧室看起来更大一些?

怎样才能让小小的卧室看起来更宽敞、更具现代气息呢?下面是一些具体的操作方法:

(1) 少摆放东西。东西摆放过多，就会缩小有限的空间，使人产生局促感。而且卧室中物品过多也不利于清洁和整理。

(2) 选择线条简单的木质或者钢架结构的床，可以在视觉上形成干净、简单、整齐的效果。床摆放在房屋的中间比较好，对于拥有很多零散东西的人来说，最好在床两边各放一个床头柜，将杂物统统放在柜子的抽屉里。

(3) 有壁橱的话更好，没有则要选择一组衣柜，分类抽屉要足够多，可以在最短时间内找到需要的物品。

(4) 床底放置收纳箱是节省空间的好办法，对于不太喜欢经常打扫屋子的人来说，也能省去打扫床底的麻烦。

5.7　买什么样的家具可以扩展家居空间?

一般来说，家具是居室中占用面积最大的物品。在居室有限的空间中，应该怎样选择家具才能做到既满足家居需要，又扩展家居空间呢?

(1) 挑大小、形状

在空间有限的情况下，小型家具是首选。例如，小客厅应选择低矮型的沙发。根据客厅面积的大小，选用三人、两人或 1+1 型的沙发，再配上小圆桌或迷你型的电视柜，可以让空间“变大”不少。

不建议使用有棱有角的家具，这类家具把空间分割得很零碎，使小空间显得更显凌乱，应尽量选择圆弧造型的家具。

(2) 挑质感、造型

质感轻盈的家具可以产生空间扩增的感觉。

例如，玻璃富于穿透性，同时具有清凉的感觉。完全用玻璃制成的家具能让视线无限延伸，是最能扩展空间的家具。藤类家具看起来十分休闲舒适，搬动起来也很方便，有助于室内空间的变化。柔和、浅淡的木质家具可让空间变得更简约、灵动。

在空间不宽阔的情况下，无扶手的椅子、小沙发都能大大地节省空间。

（3）挑机能、功用

有些家具可以根据空间的需要变动外型，十分符合小面积居室的需要。可折叠的餐桌、带轮子的桌椅、可组合成大床的多用沙发，都能大大节省家居空间。

（4）挑颜色、搭配

小空间宜采用浅色系、暖色系。例如黄色、橙色、红色或粉色系等，可“放大”空间。小空间装修时，要使用同色系的涂料，由深至浅的渐变，将空间串连起来，使之变大。要注意的是小空间内部色彩搭配切忌杂乱，同一色系互相搭配、呼应，感觉会更好。

5.8　保温墙开裂怎么办?

很多的新房都设有新型保温墙体。这种墙体在装修中，很容易出现乳胶漆开裂的问题，有没有对付这些裂缝的方法呢?

装饰公司的专家认为，应根据实际情况和装修预算来选择补救办法：

（1）将墙面基底处理干净，在墙面上贴上一层的确良布、牛皮纸或报纸，利用纤维的张力保证乳胶漆漆膜的完整。这种办法比较简单易行，但效果一般。

（2）将墙面表面的保温板去掉，或将水泥墙面除去，在保温层外面先安装一层石膏板或“五厘板”，然后在上面做乳胶漆。这种做法可以将不规则的裂纹全部去除，但这种办法造价较高、施工难度大。

（3）采用带有弹性的装饰材料。目前在墙面基底处理上，有一种“弹性腻子”可以在一定程度上弥补墙壁裂缝问题。立邦漆的“三合一”也能起到弥盖墙面细小裂纹的作用。但这些材料本身的“弹性”较小，在裂缝很厉害的墙面上就不起作用了。

5.9 居家装饰有什么小窍门?

居室装饰是表达个人风格的一种方式，不一定采用昂贵的材料、高雅的设备，以下是一些小窍门：

(1) 巧用空间

住宅层高较低切忌用吊顶等装饰；层高3m左右的住宅可尽量利用空间优势，在吊顶之处安装一排吊柜，既实用又美观。

(2) 利用壁画加以装饰

为扩大空间，可在墙上布置风景优美、画面深远的壁画。

(3) 以物代墙

居室用砖墙(非承重墙)分隔是比较陈旧的做法，若以屏风、多宝柜或者帷帘分隔，则既显优雅又显宽绰。

(4) 利用壁镜“造假”

在墙上装一块覆盖整个墙面的玻璃镜，可以制造出房间对面还有房间的假象，从而扩大空间。镜面颜色应根据个人的爱好及居室照明情况来确定。

(5) 利用好废旧物

在装饰房间时，有些废旧物品也能派上用场。例如旧挂历经折叠后可做成漂亮的门帘。

(6) 利用好家具变形

能“活动”的家具优于以往固定、占用空间、呆板的大衣柜、组合柜。例如用折叠、推拉等方法制成的沙发、桌子、隔门等，可省下不少空间面积，并且使空间富有变化。

(7) 采用多样灯光

在颜色、外形、光度等方面有机搭配壁灯、顶灯、廊灯，可为居室增色。

5.10 如何“玩转”射壁灯?

射壁灯在照明布置中的作用不可低估：它既能用于主体照

明，又能用作装饰光和补助光，为居室增色。例如，在天花板四周装上射壁灯，控制开关单个分开设置，当开关全部开启时，可以实现居室主体的照明，单独开启时，则可达到装饰和补充光源的效果。

如果居室里的家具是组合式的，那么选择射壁灯烘托气氛非常合适。一般将射壁灯安在家具两边的墙上，灯架垂直安装，灯罩略倾斜。有的设计中用木板将组合式家具隔成一个个小区域，将射壁灯直接安在这些小区域里，这样的做法不但可以实现居室内的局部照明，而且可以达到烘托气氛的效果。

射壁灯可以充当床头灯、镜前灯和吊灯。在床头安一盏射壁灯，就相当于安了一盏光线柔和、典雅隽永的床头灯。灯的放置高度一般以人坐在床上时与人的头部平行为宜。在床头安射壁灯的好处是：灯头可万向转动，光束集中，便于阅读；在夜晚开启它时不影响他人休息，因为用阻燃工程塑料制成的灯罩完全不透光，光线可以完全洒在照射面上，而非照射面不会受到光线的影响。在厕所浴室里安射壁灯，就相当于安装了镜前灯。要注意的是，安装灯时最好把灯架横过来，置于洗脸池上方。由于射壁灯灯罩可以旋转 320°，所以厕所浴室内只要安上一盏就足够了。不少年轻人尝试用射壁灯代替吊灯，效果也不错。安装时只要将灯底座倒过来固定在天花板下即可。

5.11　怎样插花可以让居室“活”起来?

专家建议，插花时应注意以下方面：

(1) 挑花器

平时人们对花器的概念往往局限于花瓶，其实家里任何能找到的容器，无论是玻璃、金属还是陶瓷质地，也无所谓大小和形状，都可以用来插花。冬季插花所使用的花器并不一定要透明的，相反用一些陶瓷的器皿来做花器会让人感到舒服，颜色最好是明亮的红色、蓝色、金色或银色，或者是这些颜色的搭配。

(2) 组颜色

插花时可以将许多种颜色组合在一起，例如白色、浅红色与金色、银色，会让人感到温馨、舒适。单独使用一种颜色可以使人觉得简洁、轻松，例如橙色、黄色等。同时，为更好地营造节日气氛，建议把一些色彩欢快而又较相近的花和饰物组合在一起，如蜡烛和金、银色细金属链就是很好的搭配，还有丝带、铃铛等，甚至可以把一个香熏的小炉子摆在已经完成的插花作品中间。

(3) 选派式

插花方法主要有东方式插花和西式(欧式)插花两种。东方式插花流派颇多，但它的构图都是以三个主枝为中心，这三个主枝各自有附属的从枝，从枝不能比其附属的主枝高，但可以高过其他主枝。西式插花结构均衡、重心稳重，显得四平八稳，其结构多以图案型为主，具有浓郁的装饰味。所以，目前在家居陈设中，西式插花较受欢迎。

(4) 巧搭配

其实插花并不难，难的是如何用鲜花恰到好处地装饰居室。现代人崇尚自然，在插花时可以将水果、蔬菜等节日必不可少的食品巧妙地融入花艺中，创造乡村原野的独特气氛，充分表现自然情趣。如果客厅的空间较大，又是节日家人团聚的主要场所，可以选择一款花色热闹、花器高挑的插花摆在玻璃茶几上。上有花草，下有蔬菜、水果，通过玻璃的反射，整个客厅会显得活泼灵动。

5.12 怎样利用“小地方”隔声?

除了安装隔声门窗，使用隔声材料外，还可以选择在家具、饰物等小地方动些小手脚，达到消除噪声的效果。

(1) 墙壁不宜过于光滑

如果墙壁过于光滑，声音就会在接触光滑的墙壁时产生回声，增加噪声的音量。因此，可选用壁纸等吸声效果较好的装饰材料，另外，还可利用文化石等装修材料，将墙壁表面弄得粗糙一些，使声波产生多次折射，从而减少噪声。

（2）用木质家具吸收噪声

木质家具有纤维多孔性的特征，能吸收噪声。

（3）用布艺装饰吸收噪声

布艺品有不错的吸声效果。悬垂与平铺的织物，其吸声作用和效果是一样的，如窗帘、地毯等，其中以窗帘的隔声作用最为明显。

5.13　怎样清洁玻璃？

使用沾有醋水的抹布擦拭玻璃是最常见的清洁方法。

沾染了油污的橱柜玻璃可用洋葱切片来擦拭。使用保鲜膜和沾有洗涤剂的湿布也可以让沾满油污的玻璃“重获新生”。具体做法是：先在玻璃表面喷满清洁剂，再贴上保鲜膜，使凝固的油渍软化，过十分钟后，撕去保鲜膜，再以湿布擦拭即可。

清洁有花纹的毛玻璃时，可用沾有清洁剂的牙刷，顺着图样打圈擦拭。要记得在牙刷下放条抹布，以防止污水滴落。

当玻璃被贴上了不干胶贴纸时，可用刀片将贴纸小心刮除，再用指甲油的去光水擦拭，效果很不错。

凹凸不平的玻璃清洁起来比较麻烦。可以用牙刷把玻璃凹处及窗沿的污垢清除掉，并利用海绵或抹布除去污垢，然后再蘸上清洁剂拭净，当抹布与玻璃之间发出清脆的响声时，就表示玻璃擦干净了。

5.14　怎样清洗地毯？

装修时不小心在地毯上弄上了灰尘、污渍怎么办？专家建议，应根据不同类型的地毯选用不同的方法。例如化纤地毯可采用水抽洗的方法；纯毛地毯可采用干泡清洗的方法。以下就这两种方法进行具体说明：

（1）水抽洗(适用于化纤地毯)

使用设备：地毯刷、喷雾器、吸水机、地毯清洗机。

使用料剂：地毯香波。

操作方法：

① 用吸尘器全面吸尘。

② 稀释清洁剂，也可注入水箱。

③ 在地毯上全面喷洒清洁剂。

④ 作用 10～15min 后，污渍开始脱离纤维。

⑤ 用洗地机抽洗，操作向后行走而使每操作行有一部分重叠，最少经过两次抽洗。

⑥ 在清洗地毯的同时，用吸水机吸净已洗完的地毯。

⑦ 让地毯完全干透，为加快地毯干透，可开动地毯吹干机。

(2) 干泡清洗(适用于纯毛地毯)

使用设备、工具：带地毯刷和打泡器的单盘擦地机、地毯梳或耙、吸尘器。

使用料剂：地毯高泡清洁剂。

操作方法：

① 用吸尘器全面吸尘。

② 局部处理即是用专用的清洁剂在地毯上边油渍、果渍、咖啡渍单独进行处理。

③ 稀释地毯泡沫清洁剂，注入打泡箱。

④ 用手刷处理地毯边缘、角落和机器推到之处。

⑤ 用装有打泡器、地毯刷的单盘扫地机，以干泡刷洗地毯。

⑥ 待其发生作用，然后重复。

⑦ 用地毯梳或耙梳起地毯纤毛，有利于美化地毯外观，尤其是纤维较长的棉绒地毯，也有利于加快地毯干燥。

⑧ 让地毯毛完全干透。

⑨ 用吸尘器吸去污垢和干泡结晶体。

5.15　怎样清洁开关、插座和灯罩?

电灯开关上留下的手印痕迹，用橡皮一擦，即可干净如新。插座上如果沾染了污垢，可先拔下电源，然后用软布蘸少许去污粉擦拭。清洁带有皱纹的布制灯罩时，用毛头较软的牙刷做工具，不易伤灯罩。清洁用丙烯制的灯罩，可先抹上洗涤剂，接着用水洗去洗涤剂，然后再擦干。普通灯泡用盐水擦拭即可。

5.16　怎样去除家具上的污渍?

巧用生活用品，可以轻松去除家具上的污渍：

(1) 蛋清

弄脏了的真皮沙发可用一块干净的绒布蘸些蛋清擦拭，既可去除污迹，又能使皮面光亮如初。

(2) 牙膏

冰箱外壳的一般污垢，可用软布蘸少许牙膏慢慢擦拭。如果污迹较顽固，可多挤一些牙膏然后用布反复擦拭，冰箱即会恢复光洁。因为牙膏中含有研磨剂，去污力比较强。

(3) 牛奶

取一块干净的抹布在过期不能饮用的牛奶里浸一下，然后用此抹布擦抹桌子、柜子等木制家具，去污效果非常好，最后不要忘了再用清水擦一遍。

(4) 茶叶

油漆过的家具沾染了灰尘，可用湿纱布包裹的茶叶渣擦洗，或用冷茶水擦洗，会更加光洁明亮。

(5) 白萝卜

切开的白萝卜搭配清洁剂擦洗厨房台面，将会产生意想不到的清洁效果，也可以用切成片的小黄瓜和胡萝卜代替白萝卜，不过白萝卜的效果是三者中最好的。

(6) 酒精

毛绒布料的沙发可用毛刷蘸少许稀释的酒精清洗，再用电吹风吹干，如果不小心沾上果汁污渍，可以用 1 茶匙苏打粉与清水调匀，再用布沾上擦抹。

5.17　怎样清洗油漆刷子?

刷完油漆的刷子很快就会粘在一起，很难弄干净。可以先用布擦一下油漆刷，然后取一杯清水，滴入几滴洗涤灵，再把刷子放入涮洗。当油漆分解成粉末状失去黏性时，再用水冲洗刷子即可。

5.18 怎样去除新居异味?

新居装修往往会遇到这样的问题：刺鼻的化工材料味长时间挥散不去。下面就介绍几种常用的清除新装房子异味的方法：

（1）适当通风

打开不直接风干墙顶的一面窗户，进行通风。不要打开所有门窗通风，因为这样可能会对刚施工完毕的墙顶漆造成影响，使墙顶急速风干出现裂纹，破坏美观。

（2）食醋去味

用面盆或者小水桶之类的盛器装满凉水，然后加入适量食醋放在通风房间，并打开家具门。这样既可适量蒸发水份保护墙顶涂料面，又可吸收、消除残留异味。

（3）水果去味

若经济条件允许，可在每个房间放上几个菠萝(大的房间可多放一些)。因为菠萝是粗纤维类水果，既可吸收油漆味，又可加快清除异味的速度。

用菠萝蜜去除新装修房屋化工异味的效果也很好。刚装修过的房屋往往有天纳水等各种刺鼻的化工原料气味，把一只破开肚的菠萝蜜放在屋内，由于菠萝蜜个体较大，香味极浓，几天就能将异味清除干净。

用柠檬酸浸湿棉球，挂在室内以及木器家具内也可以去除异味，但这样过于麻烦。

在房间里摆放橘皮、柠檬皮等，也可以去除异味，但见效不快。

（4）清洁剂去味

市场上一些高科技的去味清洁剂能去除新装修房、新家具等散发出的有害气体。据有关人士介绍，这些去味清洁剂一般都是进口产品，利用氨化合物与有害物质发生化学反应，从而起到了去味清洁的作用。在新装修的房间中，可把这种去味清洁剂倒入盘内，将盘放在每个房间中，再结合擦洗去味法，连续几天后就可有效去除各种难闻的气味。

（5）植物祛味

可以摆设花卉植物，比如吊兰、仙人球、绿色植物等，这类植物都具有一定的去味作用，还可以消除空气中的有害物质。

（6）活性炭去味

活性炭最大的好处就是安全、可靠、有用，无污染、无毒副作用，绿色环保，不向外散发气味，而且物美价廉，经济实惠，使用方便。其发达的空隙结构使它具有很大的表面积，很容易与空气中的有毒有害气体充分接触，活性炭孔周围强大的吸附力场会立即将有毒气体分子吸入孔内，所以活性炭具有极强的祛味能力。

5.19　怎样清洁地板？

地板清洁光亮与否直接关系到居家整体质感的高低；清洁保养不但可以延长地板的使用寿命，还能防止地板表面在长期使用下受到磨损。家中若有幼童，则更要注意地板的清洁，因为小孩喜欢在地上玩耍、爬行，常与地板“亲密接触”。那么，应该怎样清洁地板呢？

（1）清除异物、扫除灰尘

不论是何种材质的地板，清扫前都要先把玩具、钮扣等异物捡拾起来，再用扫把、吸尘器、除尘纸拖把等，将地板表面、家具下方、角落的灰尘、毛发、蜘蛛网除去，特别要注意通向屋外的玄关和大门，因为大部份的脏污灰尘都是从此处而来。

（2）一般地板的清洁保养

应根据地板材质选择合适的地板清洁剂。使用前，依照地板的脏污程度，先将适量的地板清洁剂倒入水桶内稀释，再用拖把由室内往门口的方向拖地。角落或地板缝等较不易清理的地方，可以用旧牙刷直接沾地板清洁剂刷洗，也可以直接将地板清洁剂倒在抹布上，擦拭后再用清水冲洗。有些清洁剂中的界面活性剂浓度较高，拖完地后，半湿的地面反而更容易沾染灰尘，结果越来越脏，因此，要特别注意选择有良好商誉的产品。

如果想要让磨石子或大理石地面在清洁过后，还能带有光可鉴人的闪亮效果，不妨使用具有水蜡配方的地板清洁亮光剂，使用后风干即可。

(3) 木质地板的清洁保养

切忌用湿拖把直接擦拭，宜使用木质地板专用清洁剂进行清洁，让地板保持原有的温润质感与自然原色，并可预防木板干裂。注意，为避免过多的水份会渗透到木质地板里层，造成发霉、腐烂，使用地板清洁剂时，应尽量将拖把拧干。若是表面未经上光处理，因为其不宜接触水，最好在不显眼的地方试用，确定没有问题后，再大面积使用。

如果想要避免地板长期踩踏磨损，常保光泽亮丽，在地板清洁后，可以再上一层木质地板蜡保养剂。不过要注意，一定要等地板完全风干后再上蜡，以免出现保养剂无法完全附着在地板上，反而使地板出现一点一点的白斑的问题。而且最好使用平面式海绵拖把，以免棉絮随保养剂残留在地板上。

5.20 怎样保养厨房台面?

厨房台面的保养需要注意以下几个方面：

(1) 台面尽量保持干燥，耐火板台面避免长期浸水，防止台面开胶变形；人造石台面要防止水中漂白剂和水垢使台面颜色变浅，影响美观。

(2) 防止烈性化学品接触台面，例如去油漆剂、金属清洗剂、炉灶清洗剂、亚甲基氯化物、丙酮(去指甲油剂)、强酸清洗剂等。若台面不慎与以上物品接触，立即用大量肥皂水冲洗表面。

(3) 不要让过重或尖锐物体直接冲击表面；不要在台面上长时间放置超大或超重器皿；也不要在台面上先用冷水冲洗后马上用开水冲洗。

(4) 用肥皂水或含氨水成分的清洁剂(如洗洁精)清洗台面即可，对于水垢可以用湿抹布将水垢除去再用干布擦净。

(5) 对于刀痕、灼痕及刮伤，如果台面光洁度要求是哑光，可用 400～600 目砂纸磨光直到刀痕消失，再用清洁剂和百洁布石使台面恢复原状。如果台面光洁度要求是镜面，先用 800～1200 目砂纸磨光，然后使用抛光蜡和羊毛抛光圈以 1500～2000rpm 低速抛光机抛光，再用干净的棉布清洁台面。细小白痕用食用油和干抹布润湿轻擦表面即可。

5.21　怎样使家装达到节能要求?

家居装修中怎样做到节能呢? 以下是一些参考方法:

(1) 外窗(包括阳台门)

用中空玻璃替换单玻璃，为西向、东向窗户安装活动外遮阳装置。

(2) 地板

铺设木地板时，在板下搁栅间放置矿(岩)棉板、阻燃型泡沫塑料等保温材料。

(3) 户门

定制或加工防盗门时，可要求在门腔内填充玻璃棉或矿棉等防火保温材料。

(4) 天花板

顶层居民在吊顶时，可在吊顶纸面石膏板上放置保温材料，提高保温隔热性。

(5) 卫生间

在地板下安装热水加热或电加热采暖装置。

(6) 窗帘

选择窗帘时，尽量选择布质厚密的窗帘。

5.22 杜绝装修浪费有什么技巧?

有经验的装修者建议，为杜绝装修浪费，要注意以下方面：

(1) 聘请有经验的装修工人

有经验的装修工人会在材料的使用过程中，做好周详的计划，这将给业主节省一笔不小的材料费。

(2) 找正规负责的装饰公司

找一家正规、负责的装饰公司，以严格的材料管理制度来控制材料的使用。

(3) 行动之前确定好方案

提前确定好设计稿，在施工过程中尽可能少作改动，以免材料作废而重新购买。

(4) 确定建材数量，按量购买

例如，若自己打制家具，在买木材时先让木工按图计算用量；买瓷砖时先向瓦工请教，了解墙面、地面的具体尺寸后再购买，购买时尽量选择规格合适的瓷砖，避免尺寸过大或过小而需要大量的裁切。

(5) 增加合同细节，分清责任

在合同中增加细节，分清责任再签订合同，尽可能将装修中应考虑到的细节都一一列出，把责任分清，从而减少浪费。

5.23 卫生间装修有什么窍门?

卫生间在人们的居家生活中占有十分重要的地位，大多数人都希望自己有一个洁净、舒适的卫生环境，以下是卫生间装修时的一些小窍门：

(1) 门框下方嵌上不锈钢片

卫生间的门经常处在有水或潮湿的环境中，其门框下方很容易腐烂。可将下方损坏的部位取下，做一番修理，然后在门框四周嵌上不锈钢片，这样可以减缓止门框腐烂速度。

(2) 柜橱门面上安装镜面

为贮存一些卫生用品，卫生间常常安置壁柜。在柜橱门面上安装镜面，可以使卫生间内的空间看起来更宽敞、明亮，在经济允许的条件下，还可以利用镜面反光和灯光的组合营造豪华美观的气氛，费用不高但却能达到很好的效果。

(3) 洗脸盆的周围钉上搁板

洗脸盆上放置清洁卫生用品会使卫生间显得杂乱无章，而且这些卫生用品也常常被碰倒。可在洗脸盆周围钉上 10cm 的搁板(采用木板、塑胶板等材料)，以不妨碍使用水龙头为宜，这样就可以让洗脸盆周围变得整整齐齐。

(4) 浴缸周围的墙壁上打凹洞

在浴缸周围的墙壁上打一个七八厘米深的凹洞，再铺上与墙壁相同的瓷砖，此洞可用来放洗浴用品。这样就扩大了使用空间，使用起来也方便、自如。

(5) 利用好冲水槽上方的空间

抽水马桶的冲水槽上方是空间可放置一吊柜，柜内放置卫生纸、手巾、洗洁剂、女性卫生用品等节约空间，也可将其下部做成开放式，放些绿色植物美化卫生间。

5.24　卫生间装修的防水要点是什么?

卫生间的防水工程是目前家庭装修最容易出现问题的地方，如果在装修的时候没有处理好防水，可能会给以后的生活带来极大的不便，甚至会影响到邻里关系，所以在装修过程中要格外关注这些“敏感区域”。目前用于卫生间防水的材料有很多种，基本上防水效果都不错，但要注意具体的施工细节。

如果需要更换卫生间的地砖，在将原有地砖凿去之后，应先用水泥砂浆将地面做平，然后再做防水处理。这样可以避免防水涂料因薄厚不均而造成渗漏。卫生间墙地面之间的接缝以及上下水管道与地面的接缝处是最容易出现问题的地方，在施工中，接缝处应涂刷到位。

在对一般的卫生间防水处理中，墙面上要涂上大约 30mm

厚的防水涂料，以防积水渗透墙面。如果使用两扇式的沐浴屏，相连的两面墙也要涂满。如果卫生间使用浴缸，与浴缸相邻的墙面，防水涂料的高度也要比浴缸上沿高出一些。

在卫生间施工完毕后，还要进行24h防水试验，方法为将卫生间的所有下水道堵住，并在门口砌一道25cm厚的“槛”，然后在卫生间灌入20cm高的水。在24h后，再检查四周墙面和地面有无渗漏现象，如果没有渗漏现象，那么这个防水工程就是成功的。

5.25 布置饰品有什么技巧?

在家居装修中，饰品充当着较为重要的角色，家居也需要爱家之人的精心装扮。那么，应该如何布置饰品呢?

(1) 风格大体统一，互相协调

饰品之间切忌混乱搭配，不然会给人不伦不类的感觉。例如有些人信佛，家里供有神像，那么在供有神像的房间里就应当少安置过于现代和抽象的饰品，否则给人不协调的感觉。

(2) 不同质感饰品要合理搭配

例如在木制的台面上放一个石雕，或在金属的架子上放置玻璃制品，可使两种质感各显特色，但又不失协调感。

(3) 与室内空间的比例要恰当

装饰品太大，会使房间显得拥挤，过小，又会使房间显得较空，而且小气。

(4) 合理选择色彩和表现角度

应根据家居环境和个人性格选择色彩。前卫的年轻人倾向于选择色彩形成强烈对比的饰品，因为对比色往往能够活跃气氛；而中老年人则比较喜欢色彩协调的饰物，因为协调的色彩往往有利于呈现情调。

5.26 昏暗的客厅怎样显得亮一些?

光是生命能量的来源，是力量和希望的象征，人们日常生活离不开光。长期处于昏暗状态下的人往往会心情压抑，情绪不振。随着城市建筑密度不断提高，很多人家的客厅由于不临窗，导致光线不足。专家建议，碰到这种情况，可以利用一些合理的设计来凸显出立体空间，就会让背阳客厅显得光亮起来。

(1) 补充人工光源

光线能塑造出耐人寻味的层次感，适当地增加一些辅助光源，尤其是日光灯类的光源，使之映照在天花板和墙上，能收到不错的效果。另外，利用射灯打在画面上，也可起到较好的效果。

(2) 统一色彩基调

背阳的客厅忌用沉闷的色调。由于受空间的局限，某些颜色会破坏房间整体柔和温馨的感觉。但浅米黄系的地板、光面砖；浅蓝色调的墙面，可以突破颜色上的沉闷感，起到调节光线的作用。

(3) 增大活动空间

客厅内摆放现成家具难免会产生一些死角，并破坏颜色的整体感，解决方法是根据客厅的具体情况制作家具，尽量留出更多的空间，使视觉上保持清爽的感觉。

5.27　雨季装修防潮有什么技巧？

雨季装修有以下技巧可供参考：

(1) 应该选择有盖密封的货箱将夹板、线条运送到现场，然后在客厅内用2盏500～1000W的碘钨灯管蒸发室内的湿气，待木材手感光滑时，将所有夹板、木线等做一遍清漆处理，然后将靠墙的材料再做一次防潮处理。应选择乳液型和不掺水型的防潮产品，例如：881、801。

(2) 为了达到环保目的，靠墙柜里板应涂刷新产品“甲醛”捕捉液，因为“甲醛”捕捉液也有一定的防潮功能。

(3) 在包窗套时，应检查铝合金边框是否有渗水现象，如无渗水现象，应在墙面处理平整后，涂刷两遍防水液。窗台台面下待修整平后，在中间留一道 1cm×1cm 的防潮沟，待水蒸干后，密封。

（4）在铺瓷砖、地砖时，应选用 32.5 级并将其调成乳状。在铺时，先涂刷一次地面，待卫生间、厨房做好防水处理后，检查是否有鼓包现象，如有鼓包现象应立即划破，待水气释放干后立即补封。地面瓷砖、地砖铺好后，暂时不要沟缝，待到水完全释放后，一般需要 7～15 天时间，再用沟缝剂沟缝，沟缝剂中应添加防水液。

5.28　家具保养需要注意什么？

家具保养需要注意“七忌”、“三要”。

（1）“七忌”

① 忌在搬运时硬拖硬拉，应轻抬轻放；放置时应放平放稳，若地面不平，要将腿垫实，以防损坏榫眼结构；

② 忌将家具放在阳光下暴晒，亦忌放在过于干燥处，以防木料开裂变形；

③ 忌将家具放在十分潮湿的地方，以免木材遇湿膨胀，久之易烂，抽屉也会拉不开；

④ 忌在大衣柜等家具顶上压重物，以免柜门凸出，柜门关闭不严；衣物亦忌堆放过多，超过柜门，以防柜门变形；

⑤ 忌用水冲洗或用是抹布擦胶合板制作的家具，切忌放在碱水中浸泡，防止夹板散胶或脱胶；

⑥ 忌用与家具原油漆色泽不同的颜料与油灰拌匀后嵌入家具裂缝堵平，以免留下疤痕；

⑦ 忌用碱水或开水洗刷家具或桌面上放置高浓度的酒精、香蕉水和刚煮沸的开水等滚烫的东西，以防损坏漆面。

（2）“三要”

① 要在家具内放点儿花椒，可预防老鼠进入，放置樟脑、烟叶，可预防蛀虫和蟑螂；

② 要及时用淡肥皂水将家具表面漆层粘上的碱水或油渍洗

去，再用清水洗净，干后打上光蜡；

③ 要每隔几年再刷一层凡立水，以保持色泽新鲜，光泽耐久。

5.29　装修时有哪些细节和技巧？

在装修过程中，以下这些细节可供参考：

(1) 买材料时自己先估算大概用量。

(2) 在砸除地砖时，若下水管被损害，一定要重新铺设，以保证安全。

(3) 不要废弃卫生间墙壁上内陷的置物空间，贴上瓷砖后一样很漂亮。

(4) 瓷砖阳角不要用收边线条，要瓦工磨 45°角拼接才漂亮。

(5) 铝塑管安装封水泥的时候，一定要在场监督工人按照施工标准给热水管预留膨胀空间。

(6) 卫生间的地面如果比厅高，可以用过门石过渡解决。

(7) 若要加管子移动下水道口，不要忘了在新管道和旧下水道入口对接前检查旧下水道是否畅通，以免日后麻烦多。

(8) 铝扣板没有必要买高价格的，便宜的铝扣板已经能够胜过 PVC 的效果，没必要多花钱。

(9) 买铝扣板时，卖家常在龙骨上做手脚。

(10) 地砖的颜色很难找到满意的，不过将两种不满意的颜色交错拼花再转 45°角却能够达到满意的效果。

(11) 地面防水剂要在监督下使用，实在不行最好自己动手，费事但是放心。

(12) 在铺砖前考虑好卫生间地面的坡度。

(13) 若在阳台顶端上装柜子，在柜子背面加上一层泡沫塑料板后隔热防水的效果都很好。

(14) 木线条如果没有合适的不妨定做。

(15) 厨房橱柜内部多加几层隔板。

(16) 橱柜上用的封边线在购买时要“货比三家”。

(17) 做厨房橱柜时要先考虑水槽尺寸，水槽尺寸由龙骨间距决定。

(18) 水槽要去大的建材超市去买，虽然贵一点，但是质量有保障。

(19) 阳台柜门最好用防火板不变形的。

(20) 做卫生间面盆地柜的时候要先考虑好面盆的尺寸，以免以后装不下。

(21) 玻璃比较重，最好在家附近购买，或者先做好运输准备。

(22) 买人造石台面时不要贪便宜，综合考虑价格、质量。

(23) 安装门锁时要在锁舌部位上些蜡。若没有门吸，还要注意防止门把手撞墙被损坏。

(24) 柏高地板很好，惟一要提醒的是直接找老板谈价格可能比和营业员谈价格更好。

(25) 亚光油漆效果比高光漆好。

(26) 绝缘胶带和生料带别在小店买，大超市的质量明显好很多，而且分量足，换算下来价格并不贵。

(27) 成品腻子比滑石粉好用。用滑石粉调腻子会很麻烦。

(28) 安装漏电保护器、空气开关分线盒的工程不能省，而且不要把分线盒放在室外要放在室内。放在室内门后并不难看，用起来也很方便。

(29) 漏电保护器和空气开关要用有品牌的。

(30) 台下盆比台上盆秀气、好看、好打扫。

(31) 配台下盆龙头要注意，考虑到盆边厚度，龙头嘴要长些。

(32) 马桶安装前已凿的洞一般比较大，大到地漏盖子都能掉下去。如果地漏已经安装而马桶没有装，千万注意地漏盖子，或者把地漏盖子收起来放到别处。

(33) 三角阀不应省，也省不了多少钱。

(34) 如果想在吊顶中安装灯具，必须亲自参与到吊顶背后结构的设计中去。木工不知道以后的灯光设计，安装骨架不恰当就会影响到装灯。

第6章

家居装修流行

"流行就是在长大衣和超短裙之间的游弋。"服装如是，妆容如是，家居也如是。如何装修才能跟得上时代的潮流，是广大装修一族不得不考虑的问题。本章首先介绍了家庭装修的超前意识和新理念，然后就当前流行的"软装饰"以及"布艺"元素在居家装修中的重要作用做了阐述，对橱柜、卫浴、饰品、家具等的经典流行趋势做了预测，对今后居家装修的流行风格做了详细的描述。阅读本章将会获得居家装修流行元素与经典元素的巧妙搭配，让居家装修倍添无穷魅力。

6.1 下一步在居家装修中可能会产生哪些超前意识?

现在家庭装修价格不菲，但装修风格却如同服装一样一年一个款式、一年一个流行色，一不小心，花大价钱装修的家又落到了潮流的后面。装修时面对变幻莫测的家居潮流，最聪明的做法是让家居用品、饰品既不重复投资又不落伍，这就需要有装修领域的超前意识，超前意识是能够经受住潮流考验的重要法宝。

(1) 自然意识

自然意识是指把任何一个细部都看作是大自然的延伸。正是基于对现代都市喧嚣的厌倦，人们才越来越深刻地体会到返朴归真的可贵。天然材料和实木既能体现出现代生活的活力，又能保留传统风格的特点，正迎合了现代人的要求，将会是家具材料长时间的主流。据专家预测，天然实木、实木拼板的配套技术及木纹装饰纸、木纹浸渍纸、装饰板、天然薄木(或微薄木)等的贴面技术将有很大发展前途。

(2) 个性意识

“个性”是一个充满符号的房间，是主人情趣的体现；在各种抽象符号的交织中，能够找到主人的影子。

个性化装修不易被潮流淹没。即使是同样的房屋，为适应居住，不同年龄、不同性别、不同性格的人，会强调不同的功能和装饰，装饰风格也就不同。以年龄为例，儿童房一般布置得比较“卡通”，例如选用史奴比、加菲猫、奥特曼、超人等玩具或者是床单、壁挂来体现房间特色；青少年一般比较追求时尚和时髦，房间往往布置得青春、夸张、另类；而老年人一般比较喜欢安静和闲适，山水墨画和鱼鸟花草占据了居室中的重要地位。

(3) 智能意识

智能化是“聪明”的家的秉性，也是高科技装饰装修的永恒趋势。

目前，中国的部分小区已实现了自动防盗报警，自动控制电气照明、炊具、空调等功能。在今后智能化的家庭中，电视机的功能比以往更丰富，成为家庭控制中心的一部分。只要用计算机打个招呼，整个房间便可进入预设好的模式，安全系统开启；灯光开关减弱或增强；CD播放器播放音乐时声音的大小调节；卧室空气中弥漫着一种特制的芳香气体，起到减缓新陈代谢，促进睡眠的作用；人们通过计算机选择电视节目；整个系统知道主人的作息时间，在主人回家半小时前就会调节好房间的温度，同时，麦克风进入工作状态，使整个房间可以进行内部通话。这样聪明的家，人们怎么会不向往呢?

(4) 古典意识

“古典”不仅仅是明清家具的专有名词，一张檀木雕花椅是古典，一个欧式壁炉是古典，欧洲的巴洛克风格也可称之为古典。古典装修风格可体现为纯粹用古典家具装饰和将古典语言用现代手法诠释的现代风格两种类型。

中国明清古典家具，造型别致又具有收藏价值，用它们装饰房间往往能装饰、保值一举两得。购买红木高档仿古家具应根据经济状况，可以考虑两年买一件，分批买，因为消费者不用担心所买的家具不配套或过时的问题，老的东西永远都在流行。

现代中式风格将古典语言以现代手法诠释，注入中式的风雅意境，会使空间散发着淡然悠远的文人气韵。整个空间装饰多采用简洁、硬朗的直线条，也可以采用具有西方工业设计色彩的板式家具，来搭配中式风格。直线装饰在空间中的使用，不仅反映出现代人追求简单生活的居住要求，更迎合了中式家居内敛、质朴的设计风格，使现代中式风格更加实用，更富现代感。当然现代中式风格也不能缺少装饰品，装饰品可以来自世界各地，但空间的主体装饰物还应是中国画、宫灯和紫砂陶等中国传统装饰物。这些中式装饰物不在数量的多少，而在于它们在空间中起到的画龙点睛的作用。

(5) 留白意识

巧妙的留白就像恋人间巧妙的沉默。留白不是浪费，而是韵味。

如果未来居室功能需要改变，或者预计短期内经济能力将有大的提高，会对房子进行重新装修，那么在家居装修布置中一定要留有空白，一是留下想象的余地，二是为日后的升级换代留足空间。

留有设计余地的最好办法是“重装饰、轻装修”。比如在客厅和玄关处不做造型和装饰，只要颜色修饰，不做顶角线、哑口、窗套，门套和踢脚板尽量窄小，房门尽量使用模压门，尽量选择混油，因为白色可以配合墙面色彩，并为日后大量的配饰工作留出余地和空间。在卧室中地面装饰材料未选定时可以在床头铺块地毯，如此足以抵挡一阵，日后再做安排。

6.2 随着家居装饰装修市场的成熟，未来装修中的新理念有哪些?

最近一些专家对家居装饰的时尚走向做了预测，认为有5种新的理念将会产生。

(1) 少就是多

这个理念的核心是简约，但它并不摒弃装饰，只是用较少的装饰来达到突出居室内涵的效果。众人都知道富丽堂皇的装修，运用各种饰线和精美的材料，装饰细部繁琐复杂，对人的视觉感官有很强的刺激作用，这对于心情悠闲的人来说是一种艺术享受，但对生活紧张的都市人来讲，更注重对生活素质的体验。让一切都趋向平和、朴素和简洁，用最简单的家居来表现出更深的生活意义，这就是多。

(2) 隐就是显

隐蔽储藏空间曾是家居装饰装修的一个重要内容，但是今后有可能打破这种传统的隐藏性，如壁柜壁橱和大衣柜的柜门将采用透明玻璃结构，将精美的收藏品陈列其中，增添家居的文化氛围，使人有置身博物馆的感觉。

(3) 丰就是俭

在家具的选择上，年轻人认为“多功能、轻便、廉价”为好，如沙发床、折叠椅等，但对事业有成或要长期定居的人士来说，他们就要选择一些品质高档，既有品位又能保值增值的家具。因此，精品家具和极品家具将受到一部分人的青睐。

(4) 新就是美

新材料的广泛应用和快速开发使家居装饰装修变得妙不可言，如中空玻璃会使家居在节能、隔声、照明上上一个新台阶；塑钢材料使家居隔断变得灵活；而有机透明玻璃制作的卷帘隔断用在厨房或客厅之间，既可通风又可方便两边的人交流。

(5) 空就是实

随着住宅面积的逐渐扩大，原来的小空间住房将逐渐得到改造并重新布局。在住宅建设中，将越来越多地采用一个单元一个大空间的先进设计，虽然看起来空了，但它为户型的丰富多变创造了良好条件。

6.3　如何利用布艺打造完美的居室新生活？

布艺装饰包括窗帘、布饰、沙发套、桌椅套等，也可以延伸到灯罩、门框、电话套、杯垫等的包边。布艺中的“布”，是各种纤维品的总称，它不仅指布料、绸料、呢料等织物，而且还包括地毯、毛毡、花边等编织品以及绳带、挂毯、绢花等工艺制品。布艺装饰具有避尘、保护家具等实用功能，还有能形成居室的基调、调节室内气氛和人的心理感受等精神功能，因此，布艺成了营造家居气氛的一种时尚。

布艺可以弥补空间缺陷，比如色彩强烈的竖式条纹可使空间显得高挑；布艺还可以随个人喜好或季节变幻，任意改变花色、图案。有时心血来潮，自己动手给布艺加些绣花，或拼缝些造型逗趣可爱的图案，能增加平面布置的立体感。

布艺制品的颜色应与居室的基调和主色调保持某种一致，只有保持整体的和谐一致，才能收到理想的效果。另外可以结合室内摆放植物、鲜花的环境特征，适当使用一些花朵图案的布艺制品，也是一个使居室变得新鲜的办法。

6.4　怎样使用布艺弥补空间缺陷？

以下是通过灵活使用布艺达到改变空间视觉效果的一些做法：

(1) 使客厅空间显得高挑

客厅的氛围与沙发、窗帘密不可分，如果选择较为素净的窗帘，那么沙发布艺则可大肆渲染，反之，花色较浓的窗帘则适合与素色的沙发布艺相配。用色彩强烈的竖式条纹和图案来装饰墙壁和窗户，用醒目的素色窗帘或升降帘使其与墙壁形成对比，可使客厅空间显得高挑，增加空间感觉的舒适程度。

客厅窗帘的颜色最好从沙发花纹的颜色中选取。比如说白色的意式沙发上经常会点缀有粉红色和绿色的花纹，窗帘就不妨选用粉红色或绿色的布料。

(2) 使狭长的房间显得短些

要使狭长的房间显得短些，不妨在狭窄房间的两端使用醒目的图案。例如可以在房间的一端使用与墙饰协调的窗帘，而另一端安装一个装饰性挂帘；用界限明确的图案，如小块地毯或以饰边条横放在地板上将地面隔断界定；利用材质的反差、对比，在铺有木板、陶瓷制品或乙烯基制品的地面上铺放具备柔软特性的地毯。

(3) 使空间显得宽敞明亮

用小图案，布质组织较为稀松的、具有几何图形布纹的印花布，会给人视野宽敞的感觉。尽量统一墙饰和窗帘上的图案，能使空间达到贯通的通透感。挑选具有光泽的反光布质来装饰墙壁、天花板和木质家具；使用透明薄织物或板条百叶窗；在家具或衬托物上增添闪光的金属材料，都会使空间显得宽敞明亮。

(4) 使空间显得娇小

使空间显得娇小的手法就是运用对比的技巧，选用毛质粗糙或是布纹较柔软、蓬松的材料，以及具有吸光质地的材料来装饰地板、墙壁会达到这一效果。

客厅的布艺主要集中在墙壁、窗帘、沙发、靠垫和地面上，应庄重大方、风格统一，如果能围绕一个主题进行布置，则更加理想。但要注意的是，不宜留下布艺大量堆砌的印象，一定要有优质、有份量的家具或艺术品来“压轴”。

(5) 使天花板看起来不至于太高

为了使天花板看起来不至于太高，墙布和覆盖在墙面的涂料层上要有醒目的水平图案。利用墙裙、挂镜线、壁线、檐板装饰墙壁，以创造一种鲜明的水平结构特征，使用相似的图案、板条百叶窗或固定百叶窗来装饰墙壁，可以达到降低高度落差的效果。

(6) 使狭窄的房间显得宽些

使用直线图案，可以使狭窄的房间显得宽一些。选择横纹图案的床上用品、在地板上铺设白蓝相间的横条地毯，都可以达到这种效果。

(7) 掩盖房间欠美观之处

可以用有醒目图案或者具吸光性质的布，做成帘子、罩子来遮掩室内不甚美观的地方。

(8) 突出室内迷人景致

透明并带有印花图案的窗帘能够很好地做到这一点。光线将透明窗帘上的图案照得若有若无，又将陈列柜的影子投射在墙上。壁饰与其他布艺和谐统一，空间里弥漫着一种咖啡加奶的慵懒和闲散，正适宜徐徐的微风，睡个美美的午觉。

6.5　目前为什么流行用布艺营造家居气氛?

恰到好处的布艺装饰能为家居增色，已经成为居家装饰的新宠。选择布艺饰品主要是色彩、质地、图案的选择。进行色彩的选择时，要结合家具的色彩确定一个主色调，使居室整体的色彩、美感协调一致；以鲜亮的图案与素色的物体形成对比；或使用有反光效果的材料来突出室内的迷人景致。以下几点更好地说明了布艺成为营造家居气氛的时尚的原因。

(1) 布艺体现个性情趣

布艺通过色彩、图案、形态、质地、大小、重叠等不同的表现方法，可以鲜明地体现居室主人的个性风格、情趣爱好。例如有些球迷朋友酷爱足球，因此窗帘、床单、桌布、沙发套、椅子套、电视机套、均醒目地印有足球图案或绣上了足球，让人一进门便知主人是个铁杆球迷。

不同的布艺产品，其风格、造型、装饰的效果也会有所不同，因此在挑选布艺品时，应突出时尚品位，不光要有强烈的时代气息，符合流行新潮主旋律。要注意在春夏秋冬的季节里作好相应的变化，营造出不同的意境。

（2）布艺图案呼应家居摆设

目前，人们越来越追求贴近自然的生活，因而米白、浅褐、砖红、暗绿等大地色系的布艺广为流行，图案则偏向简洁、活泼，以植物根、叶、花、海洋鱼类、珊瑚、贝壳等为描述对象的题材将更多地出现。在纹理上，讲求布艺中粗犷与细腻的对立统一；在整体布局上，可以将布艺图案上的内容与家居摆设作呼应。如布艺上有花卉图案，那么房屋中就可以摆上几束形象相似的鲜花；又如布艺沙发上是青花瓷器的图案，房间里就可以摆上几件青花瓷器，这种布置效果一定会令人耳目一新。

（3）统一墙饰和窗帘图案

对于大多数人来说，在没有把握的情况下不妨选择素色的布艺，但这样难免会使房间的调子显得沉闷，所以可以用色彩明快的靠垫来活跃空间。不过千万不要简单地以为用上昂贵的面料就行了，要尽量统一墙饰和窗帘上的图案，使空间在整体感上达到一气呵成的通透感。

（4）窗帘色调柔和宜人

窗帘的选择应比较注重使用功能，如挡光、隔声、防止窥探，窗帘的款式不宜繁琐和复杂，色调要柔和宜人，不能过于鲜艳刺眼。色彩浓重、花纹繁复的布饰表现力强，适合具有豪华风格的空间；浅色的、具有鲜艳色彩或简洁图案的布饰，能衬托现代感强烈的空间。

6.6 布艺软装饰在居家装修中有何作用？

所谓软装饰，就是指利用那些易更换、易变动位置的饰物与家具，如窗帘、装饰画、靠垫、工艺台布、仿真花及装饰工艺品、地毯、工艺摆件等，对室内进行陈设与布置。这些家居饰品是营造家居氛围的点睛之笔，它们打破了传统的装修行业界限，将工艺品、纺织品、收藏品、灯具、花艺、植物等进行重新组合，形成一个新的装修理念。

家居饰品可以根据居室空间的大小形状，主人的生活习惯、兴趣爱好和经济情况，从整体上综合策划装饰装修设计方案，不会千“家”一面。如果家装由于过时需要改变时，也不必花很多钱重新装修或更换家具，就能呈现出不同的面貌，给人以新鲜的感觉。有人曾形象地将软装饰比喻成能够异化空间、软化环境、让人们回归本源的精灵。

软装饰和硬装饰是相互渗透的。在现代装饰设计中，木石、水泥、瓷砖、玻璃等建筑材料和丝麻等纺织品相互交叉，彼此渗透，有时也是可以相互替代的。比如对于房顶的装饰，人们往往拘泥于木制、石膏这些硬装饰材料，实际上，用丝织品在室内的上部空间做一个拉膜，拉出一个优美的弧线，不仅会起到异化空间的效果，还会有些许的神秘感渗出，成为整个房间的亮点。这种概念化空间的软装饰源于中国古代宫闱中层层叠叠的纱幔，它充分表现出东方文化的缥缈与神秘。目前软装饰在家装中的比例并不高，平均只占到 5%，但未来的 10 年之中它将占到 20%甚至更多。

软装饰面料产品的设计趋于抽象、自然，富有民族特色。国际花色设计的趋势是将原本规范化的图案重新解构，比如具有不规则的抽象纹理、压有暗花的窗帘，能够产生强烈的触感和立体感。

现在软装饰采用的面料色彩更加淡雅、自然。轰轰烈烈的大红大紫时代已经过去了，在喧嚣的都市中，人们更加渴望回到自然、质朴的环境之中。目前世界流行的织物色彩主流分为 3 大类：暖色调、冷色调及中性色调，每类还可以分为深色和浅色两种。今后的色彩将更加趋向于中性化，如：米黄、浅灰等让人感到稳重、踏实的颜色。

软装饰的质地主要集中在透明度高、哑面和光面的织物；衬以丰富色彩及金属做特别效果；其次是绒面丝绒、丝毛绒和毛皮织物，或是通过混纺和抛光达到绒面的效果。未来“软装饰”所采用的面料质地将以麻纺、丝织等天然性织物为主，从整体上帮助人们回归自然、回归平和。

6.7 目前流行的几种软装风格是什么?

目前流行的软装风格主要有以下四种:

(1) 欧式古典主义

欧式古典主义用精美的罗马帘、华贵的床罩与纯毛地毯以及造型典雅的灯具和高贵的油画来达到雍容华贵的装饰效果。需要注意的是应避免过于奢华的装饰破坏了自然的家居气氛。

(2) 中式古典主义

中式古典主义风格以清新淡雅为主，碎花的窗帘、通透的帷幔、书香浓郁的卷轴字画以及水仙、文竹等绿色植物已成为中式古典主义不可或缺的软装饰。

(3) 现代主义

现代主义风格强调功能至上，以实用、舒适为原则，没有标志性的软装饰，以兼收并蓄为其特色。它的优点是搭配灵活，容易产生变化，但弄不好也容易失之杂乱，难以形成统一风格。

(4) 纯自然主义

纯自然主义风格在材料上重视本身的环保性，选择富有手工感的肌理材料，运用“花”来体现自然，让人感觉像走进了森林里一样，呼吸、视野都倍感新鲜。

6.8 最近，欧洲出现了哪些家居装修发展趋势?

近年来，家居新形式不断出现，欧洲出现的三种发展趋势尤其值得关注。

在厨房的装饰装修方面，厨房中的水平线使用已达到了顶峰，消费者会更频繁地看到垂直线条。“厨房岛”仍然流行，而许多人也对家用吧台产生了兴趣，包括附带的吧座。

在餐桌的装饰装修方面，因为正方形的餐桌比长方形餐桌更加方便交流，正方形餐桌已经开始流行。

在起居室的沙发选择方面，起居室仍然是大型软垫家具和舒适的“L”形座椅组合的天下。今后会出现比以往更多的软垫子，这样会使大沙发坐起来更加舒服。

6.9　欧式橱柜有哪几种风格种类？

一直到现在，国内橱柜行业都在受到欧式橱柜的启发和指引，以下是对当前流行的几种欧式橱柜的风格进行介绍。

(1) 米兰风格

米兰风格是最具时代气息的设计，其特点是简约、前卫、冷峻，代表性品牌是科宝博洛尼。

在意大利人看来，厨房是一个房间，也是最重要的房间。那里的产品总能够站在流行趋势的前沿。意大利从来不缺少艺术家，在它的厨房设计中更多的体现了艺术的氛围。米兰风格在引导流行的同时包括了很多新的、多用的智能器具。这些与当今的科技相对应，创造出了一个崭新的、开放的、更多功用的空间，同时其色彩、设计和材料也都不断地推陈出新。如今的观点要求新空间、新材料的使用，如玻璃、石头、不锈钢、铝制品、薄板等材料都层出不穷。在色彩方面，米兰风格的橱柜中运用很多灰色和自然色，甚至倾向于使用白色和黑色这类永恒的流行色。

(2) 法式风格

法式风格是一种带有欧陆式浪漫气息的风格，其特点是乡村、浪漫、贵族，代表品牌是默博铂。

法国人一向以追求浪漫惬意的自然生活而著称，体现在厨房生活中，同样离不开法式浪漫，法国的香水、时装这些闻名于世的精品带给人们的是对精致生活的渴求。在厨房这样一个体现生活品位的地方更成了家人缔造情感空间的最佳场所。

默博铂是一个叫起来有些拗口的名字，但它却是法国第一大橱柜品牌，已有80多年的历史，工厂更是建在仙境一般的阿尔卑斯山脚下，这里同时也是著名的矿泉水依云的生产地。在这样一个美妙的地方，生产出的橱柜是极具法式风格的，它的经典造型是古典派的乡村风格，门板做旧，有一些精致的手工修饰，来自大自然的原始感觉油然而生，它的总体感是温和的，但也少不了贵族的气质与细节的人性关怀，就像法国人一贯的生活品位。法式风格对安逸生活的追求想必是大多数人最本质的需求。

（3）德式风格

德式风格做到了工艺与品质最精妙的展现，其特点是严谨、细腻、精致，代表品牌是康洁。

中国橱柜行业的发展说起来也只是近几年的事情，而欧洲橱柜市场已经发展了几十年，达到了非常成熟的阶段。德国可以说是世界顶级橱柜的生产基地，日耳曼民族严谨沉稳的风格与康洁“要么不做，做就做好”的企业精神很自然地结合在一起。

德式风格在设计方面更加注重对家人朋友的关爱，即人性化设计，如吊柜的开启，采用上翻门样式，避免了容易碰头、占用空间的问题，而且吊柜更加美观，突出整套橱柜的线条，给人亲切整洁的感受；抽屉被大量采用免蹲跪的形式，减少了弯腰、伸手等一系列的动作，既方便快捷又可以适度减轻下厨劳动的强度。

6.10 近年来，大家谈论的卫浴装修新时尚包括哪些要点？

怎样才能紧跟卫浴装修新时尚的潮流，不会轻易落伍呢？下面介绍的就是打造时尚卫浴的几个精品要点。

（1）定制卫浴环境

对家中最为休闲私密的卫浴空间来说，最为忌讳的是单项卫浴产品互相拼凑而导致与整体环境的格格不入，一点小失误都会导致一系列元素相互冲突，主人所要表达的某种情绪便立刻荡然无存。最好的解决方法是只需将自己想要的生活告诉设计师，不需要自己丈量房间尺寸，不需要自己画家具图纸，小到龙头花洒、面盆浴缸，大到由瓷砖马赛克组成的墙面与地面，都将在整体设计理念中找到自己的合理定位。

（2）古今融合

在现代风格的卫浴环境中加入部分古典元素，是意大利众多一线家居品牌最流行的设计手法，也代表了整体家居设计的发展趋势。顶级卫浴品牌博洛尼十分擅长在时尚与经典之间制造平衡，将意大利古典元素如华丽的做旧木地板和中世纪拱形屋顶与现代简洁的卫浴设施相融合，散发出一种不动声色的炫耀。

(3) 百变浴室家具

顾客无法改变陶瓷产品的已有面貌，却可以在浴室家具上大做个性化文章，设计师也充分利用浴室家具来展示自己的设计天赋。钛铝合金壁挂浴柜、五颜六色的树脂玻璃浴柜、颠覆传统的岛式盥洗台、既是浴缸架又是搁物架的多功能浴柜、传统中透出新意的板材浴柜……各种新材料新创意纷纷被设计大师们运用到以往不被人们重视的浴室家具中，一板一眼的设计模式早已出局，浴室家具的新鲜火焰，开始撩拨人们渴望变化的神经。

(4) 水流——卫浴灵魂

在设计大师里诺克塔托看来，水是卫浴中惟一动态的元素，浴室因此成为一泓清泉、一方水源——它赋予设计师灵感，赋予浴室以灵魂。几乎所有卫浴设施都是水的服务者：面盆、龙头、座厕、浴缸、花洒……失去了水，浴室瞬间失去它存在的意义。如何将水流合理安排在卫浴环境中，这是近年来欧洲学者最新的研究课题，也是未来卫浴设计师的必修功课。

(5) 给管线穿上隐身衣

实现个性设计最为关键的是施工环节，国际最新卫浴时尚强调在卫浴间中看不见外露的水管。岛式盥洗台不靠墙的设计对埋管施工要求很高；隐藏水箱的座厕需要将整个水箱安装在墙体内；位居浴室中央的浴缸、与开关分处两边的水龙头，这些高难度水管处理无一不要求施工者具备高超的技术与良好的素质。

6.11 家居装饰装修中有哪些流行饰品?

恰到好处的饰品是一个家庭装修工程中不可缺少的点缀，下面介绍一些流行的饰品。

(1) 布艺饰品

布艺饰品柔化了家居空间生硬的线条，赋予了家居一种温馨的格调，或清新自然，或典雅华丽，或情调浪漫等，在实用功能上更具有独特的审美价值。用布艺饰品装饰家居花费不多，但给家居装饰的随时变化提供了方便。

(2) 藤艺饰品

做工精细、款式新潮和个性独特的藤艺饰品，正日益成为当前家居市场的新宠儿。藤艺家具和藤艺小饰品的原料来自大自然，身居其中可感受到清新自然、朴素优雅的田园氛围和浓郁的乡土文化气息。

(3) 陶艺饰品

陶艺饰品线条流畅简洁，集功能性和装饰性于一体，可呈现出古典美与现代美的结合。家居中许多“死角”和“死墙”更可通过一件件陶艺饰品的装饰，打破传统单调的平面布局来丰富空间的层次，并与整个家居的设计相映成趣。

(4) 水晶饰品

当前，水晶饰品成为精致和名贵等流行语的代名词。水晶饰品的市场非常广泛，种类繁多、造型百变的水晶饰品成为居家生活中一道靓丽的景观。

(5) 玻璃饰品

经过现代工艺烧制的玻璃花瓶，有的古朴典雅，有的飘逸流畅，有的凝重矜持，透露出各自的神韵。随着科学技术的发展，玻璃花瓶的色彩有了大的突破，乳白色、紫红色和金黄色等相继登场，五彩纷呈，形成了梦幻般的效果。

(6) 干花饰品

干花饰品如今为百家心爱之物，一枝一叶经过特殊工艺处理，似鲜花一样娇艳，但比鲜花更耐久。干花饰品的造型雅致，有枝叶型、观花型、果实型、野草型和农作物型，经过脱水、干燥、染色和薰香等工艺处理，既保持了鲜花自然美观的形态，又具有独特的造型、色彩和香味。

(7) 草编饰品

草编饰品如今重新成为人们装饰家居的宠儿，用来体现带有原始野味的家装风格。以优质草为原料的花筒、报框、衣物收纳箱、水果篮等草编饰品光洁细腻，色彩搭配素雅大方，既实用又可点缀和装饰家居。

(8) 墙面饰品

在家居装饰中，无论是西洋风格或东方古典风韵，还是现代前卫的，都要撷取一两个来自山川陌野的物品来点缀风情。体现异域风情的各种壁挂也越来越多地出现在墙壁、门体、书柜和多宝格上。

6.12　家具流行趋势有哪些派别?

在有些设计中，家具要确定整个装修的基调，因此根据个人喜好选择舒适美观的家具是至关重要的，以下是一些流行中的家具流派。

(1) 奢华派

在简约家居风格盛行的今天，主打奢华风格的家具在家居用品世界中可谓凤毛麟角，这一特点未来几年将继续“保持”。

以外观吸引人的奢华家具一般都有炫目的造型，让人一眼望去便可知其珍贵。无论是极富欧式风格的大型沙发，还是中式传统雕梁画柱的红木家具，都是各有各的磅礴气势和极为考究的做工。而功能性奢华的家具在外观上与一般家具无异，其“含金量”在于齐全周到的功能，如一张多功能双人床，可以用遥控器调整床每个位置的高度，比如头部、背部、脚部位置的高低，周到地提供了一个舒适的睡眠空间。相比之下，侧重多功能的奢华家具将在未来几年更加受人关注。

(2) 自然派

伴随崇尚自然、返璞归真、珍爱绿色的观念不断增强，木竹、柳藤草等自然原料将在家具领域大显身手。

木竹、柳藤草等制作而成的家具清新、自然、洁净、纯天然、全手工制作，迎合了市场上风行的绿色时尚，一反真皮家具的奢华、组合家具的厚重和红木家具的沉重压抑。其中藤制家具更将成为潮流中的“弄潮儿”，藤是一种密实坚固又轻巧坚韧的天然材料，具有不怕挤压、柔顺又富弹性的特点，现代技术为藤制家具加工注入了新的活力，使其既具有时代气息，又不失传统韵味，满足了不同层次消费者的审美要求。

(3) 时尚派

追求时尚是一个不朽的话题，与人们息息相关的家具也不例外。

简约风格盛行的今天，时尚可以说是找到了一个最佳载体，简单的一些边线，配合大片的色块组合，时尚便不经意地流露出来了。金属、玻璃和塑料在时尚家具中广泛使用；鲜红、橙红、草绿、明黄、亮紫等所有明快的色调都将登场成为未来几年内的流行主角。

(4) 个性派

创意灿烂、色彩艳丽、造型夸张的家具，强烈地刺激着人们的大脑，抢夺着人们的眼球，其中所张扬出的个性更是让不少用腻了木质家具的“小资”们激动不已。

形态独特、风格前卫，能够展现极强个性化风采的金属家具当数个性化家具的首选。目前金属家具的表面涂饰可谓是异彩纷呈，有的用各种亮丽色彩的聚氨酯粉末喷涂，有的则是光可鉴人的镀铬，有的则采用晶莹璀璨、华贵典雅的真空氮化钛或碳化钛镀膜，还有的是镀钛与粉喷两种以上色彩的结合涂饰，这就更加凸显了金属家具的个性。

(5) 古典派

无论是欧式的古典风格，还是中式或其他体系的古典，都有可能面临着古典家具改良的风潮。

对于那些品位足够、经济实力不弱、崇尚自然、又不想流俗的人群来说，纯粹的古典家具略显沉重，时尚家具又不够稳重气派，不足以显示品位，而集古典情结、东方韵味、现代意识于一体的家具就显得越来越合胃口。让老一辈觉得新潮，让年轻人觉得传统，在古典中增加些“洋气”，这将是古典家具现代改良版的精彩所在。

6.13　轻装修、重装饰会不会是未来发展趋势？

目前国外流行的一种“轻装修、重装饰”的风尚，正悄悄地涌入国内。适合消费者需要的家具将有很大的发展前景，比如橱柜，专业家具厂做普遍要比装修公司做得好。装修中现场做的部分将越来越少，装修行业将要走家庭装修工厂化、专业化的道路。

今后的发展趋势将是装修以简洁为主，后期的家具和饰品则是人们投入的重点。人们将青睐于用高品质的家具和饰品来装饰出个性独特的家居。

轻装修、重装饰是否会被人们所接受呢？目前在装修市场上出现的一些情况已经渐渐显露出人们对这一观点越来越重视。人们不再像前两年那样用大量的榉木或水曲柳来装饰门、门套等，而是由家具厂进行统一的装修和家具制作，风格更和谐。

6.14　形式语言与形式美可以通过哪些方式来表现？

人们对美好家居达成的共识可用如下的文字来描述：居室设计要遵循以人为本的前提，具备实用功能，在设计上可以运用形式语言来表现题材、主题、情感和意境。那么，形式语言与形式美可以通过哪些方式来表现呢？

(1) 对比

对比是家装设计中惯用的一种方式，设计师称，系统学习过艺术理论的人都知道，这种方式是艺术设计的基本定型技巧，它把两种不同的事物、形体、色彩等作对照，如方与圆、新与旧、大与小、黑与白、深与浅、粗与细等等。通过把两个明显对立的元素放在同一空间中，经过设计，使其既对立又和谐；既矛盾又统一，在强烈反差中获得鲜明对比，求得互补和满足的效果。

（2）和谐

和谐包含协调之意。它是在满足功能要求的前提下，使各种室内物体的形、色、光、质等组合得到协调，成为一个非常和谐统一的整体。和谐还可以分为环境及造型的和谐、材料质感的和谐、色调的和谐、风格样式的和谐等等。和谐能使人们在视觉上，心理上获得宁静、平和的满足。

（3）色调

色调是构成造型艺术设计的重要因素之一。不同颜色能引起人视觉上不同的色彩感觉。如红、橙、黄的温暖感很强烈，被称为暖色系；青蓝绿具有寒冷、沉静的感觉，被称为冷色系。在室内设计中，可选用各类色调构成，色调有很多种，一般可归纳为“同一色调、同类色调、邻近色调、对比色调”等，在使用时可根据环境不同灵活运用。

（4）独特

许多业主很讲究个性，独特正是他们所追求的。设计师为追求独特，就要突破原有规律，标新立异，引人注目。在大自然中，“万绿丛中一点红”、“沙漠中的绿洲”，都是独特的体现。独特是在陪衬中产生出来的，是相互比较而存在的。在室内设计中特别推崇有突破的想像力，以创造个性和特色。

（5）简洁

简洁是室内设计中特别值得提倡的手法之一，也是近年来十分流行的趋势。这要求室内环境中没有华丽的修饰和多余的附加物，要坚持“少而精”的原则，把室内装饰减到最小的程度，以“少就是多，简洁就是丰富”为原则。

（6）呼应

在室内设计中，顶棚与地面、桌面或其他部位，采用呼应的手法，形体的处理，会起到对应的作用。呼应属于均衡的形式美，是各种艺术常用的手法，呼应也有“相应对称”、“相对对称”之说，一般运用形象对应、虚实气势等手法求得呼应的艺术效果。

（7）对称

对称是形式美的传统技法，是人类最早掌握的形式美法则。对称可采用绝对对称和相对对称。上下、左右对称，同形、同色、同质对称被称为绝对对称；而在室内设计中采用的是相对对称，对称给人感受秩序、庄重、整齐的和谐之美。

（8）延续

通常情况下，设计师忽略运用延续的设计方法。具体而言，物体的外表形状，能够有规律地向上或向下、向左或向右连续下去就是延续。这种延续手法运用在空间中，使空间获得扩张感或导向作用，甚至可以加深人们对环境中重点景物的印象。

6.15　目前常说的家居设计主流风格是什么？

目前住宅室内设计四大风尚，可以总结为：感观主义风格、新装饰艺术风格、自然主义风格和新帕拉迪奥风格。它们或鲜艳夸张，或高贵神秘，或淳朴清新，或奢华瑰丽。

（1）大户人家：感观主义风格

当网络时代扑面而来，符号化、快餐化色彩冲击占据了人们的思维。图像艺术逐渐占据视觉艺术主流，几年前流行的黑灰为主的家居室内设计色彩开始出现逆转潮流。

正如传说中世界上颜色最鲜艳的翠鸟，感观主义带给我们的正是这种视觉与心灵的冲击。无厘头的花样搭配、看似信手涂鸦而又充溢思维的创意，色彩鲜艳夸张，这种艳俗而时尚的艺术，这种雅俗共赏的网络符号，无不让人在颠覆中寻求到一种超现实的平衡，而这种平衡无疑也为艺术回归大众吹响了号角。

感官主义风格的特征是色彩艳丽，它在国外的流行指数比其在国内的流行指数要高，这种装修风格适合的户型是大中户型，适应的人群是热爱网络数字生活，同时对艺术和生活品质有着苛刻要求，追求个性的新一代。

（2）新小资：贵族的世纪奢华

此种风格也就是现在炙手可热的 ArtDeco，它产生于上个世纪 20 年代的巴黎，定位于贵族阶层并调和了工业化带来的批量生产冲击，在整个 20 世纪中，这种风格的影响力波及到全世界。

ArtDeco 风格拥有纯粹而艳丽的色彩，自然的几何图案，金属原始的光辉及充满质感的材料。它游走于古典与现代中间，张扬却不夸张，处处流淌着新时代机械化生产仍割舍不掉的贵族情结，符合现代人的生活方式和习惯的同时又极具古典韵味和气质。

ArtDeco 风格的特征是追求面料的品质感，它适合的户型是高级公寓，适合的人群是有闲的新中产阶级和热爱生活的雅痞一族。

（3）自然主义风格

随着生活节奏的加快，人们的生活快速而拥挤，渴望回归自然的心理日趋迫切，于是，自然主义成了人们心中放松与回归的代名词。自然主义自由清新的感觉，与环境融为一体的居室设计就好像把家轻轻放在大自然中，所有的疲惫和倦怠都烟消云散了。无论使用什么材料和技术，回归都是永远的主旋律。原始粗犷的古朴质感配合现代风格的冰冷凛冽，自然主义以质朴又变化无穷的姿态注入到当代生活之中。

自然主义风格的特征是在现代简约基础上应用更多的自然材料，如原木、石材、板岩、玻璃等，色彩多为纯正天然的色彩，如矿物质的颜色，材料的质地较粗，并有明显、纯正的肌理纹路，很少有木夹板和贴木皮。自然主义风格适合的户型是郊外别墅和大户型公寓，适合的人群是热爱自然、追求自然、享受自然的人士。

（4）新帕拉迪奥风格

古典如红酒般醇厚得可以品尝，美学能严谨标准得可以丈量，这就是帕拉迪奥风格带给我们的最深的印象——完美得如同一首莫扎特圆舞曲。室内装饰中欧式的廊、柱、拱的线条都强调了一种雕塑感和立体感。帕拉迪奥风格在不断地注入新元素的同时融合了更多现代技术与工艺，在西方社会中依然拥有广泛而稳固的支持群体。在国内，随着西方文明的渗透和当代物质文明的极大丰富，这种曾经是上流社会的奢华空间风格将有广阔的发展。

新帕拉迪奥风格在国内流行指数比在国外的流行指数要高，其特征是强调廊与柱的对称、线条的起伏及雕塑的立体感，整体感觉瑰丽而非浮华，妩媚却不失端庄。新帕拉迪奥风格适合的户型是别墅、复式和较大居室，适合的人群为功成名就的城市精英和中产阶级。

6.16　未来将有哪些流行的装修风格?

随着人们审美水平的提高，居室装修的风格在经常变化。据专家们预测，未来装饰风格的流行趋势大致有以下四种：

(1) 返朴归真回归自然型

让自然生态回到室内，增加幽静、宁静、舒适的田园生活气息，显示自然界的清净本色。地面用素色的簇绒地毯或色织提花地毯，使人产生置身于大地或花园中的感觉；窗帘、沙发、床罩等，采用印花或提花面料，用写实的花卉、植物的叶子、芦苇、贝壳为题材，使室内显得活泼而富有生命力。

(2) 情调盎然诗韵浓烈型

要在日常生活的环境中表现浓浓的诗情画意，可在室内使用机织地毯，选色彩艳丽有现代气息的抽象图案，极富装饰性；窗帘、沙发、床罩、靠垫等所用的面料，都以抽象图案为主，色彩反差较大，显得生机勃勃，轻松愉快，加上点线面的结合，使人心理得到平衡。

(3) 不拘一格自然浪漫型

地面用麻织地毯或采用玉米皮、小麦秆编织垫铺设，既随便又浪漫。不拘一格的摆放，更显得平易近人，色彩也接近其本来面貌，不加修饰，给人以清新感觉。窗帘、沙发向个性化发展，床上用提花织物，图案采用古老的传统缠枝花卉等，结构严谨、色彩庄重而华丽。

（4）色彩明快风格奇特型

如选用象牙白色的流行风格，白色的墙面，银色的床褥；地面用簇绒的割绒与圈绒组合的高级地毯，立体感强烈；室内的窗帘、沙发、床罩等纺织品采用双层大提花的色块，形成色彩的动感；这种装饰风格奇特，使人仿佛感到历史的步伐。

6.17 中国室内装修设计风格经历了哪些演变过程？

从建筑风格中衍生出来的多种室内设计风格，根据设计师和业主审美和爱好的不同，又有各种不同的幻化体。这里向大家介绍目前较为常见的10种室内设计风格，而这些风格又代表了中国装饰装修设计风格的演变历程。

（1）古典风格

在20世纪80年代和90年初，室内装修刚兴起的时候，人们大多追求的是较为豪华富裕的古典装修风格。作为炫耀自己身份的一种特殊形式，业主们会要求把各种象征豪华的设计嵌入装修之中，例如彩绘玻璃吊顶、壁炉、装饰面板、装饰木角线等等，基本上以类似于巴洛克风格结合国内存在的材料为主要装饰特征。

（2）朴素风格

20世纪90年代初期，在一些地区出现一股家装热。由于受技术和材料所限，那时还没有真正意义上的设计师来进行家装指导，因此随心所欲就是当时的最大写照。业主们开始追求一种整洁明亮的室内效果。时至今日，这种朴素风格仍然是大多数初次置业者装修的首选。

（3）精致风格

大约从20世纪90年代中期开始，经过近10年的摸索，随着国内居民的生活水平的提高和对外开放的深化，人们开始向往和追求高品质的生活，并开始在装修中使用精致的装饰材料和家具。在同一时期，国内的设计师步入家装设计行列，给家居装修带来了一种新的装饰理念。

(4) 自然风格

20 世纪 90 年代开始的装饰热潮，带给人们众多的装饰观念。市面上大量出现的台湾、香港的装饰杂志让人们大开眼界，以前大家不敢想像的诸如小花园、文化石装饰墙和雨花石等装饰手法纷纷出现在现实的设计之中。亲近自然、返璞归真成为人们所追求的目标之一。

(5) 轻快风格

20 世纪 90 年代中期以后，家居装修的设计思想得到了很大的解放，人们开始追求各种各样的设计方式，其中现代主义、后现代主义等一系列较为完整的设计体系在室内设计中形成，人们在谈及装修时，这些“主义”频繁地出现在嘴边，并且这些“主义”不断地在实践中得到实现。

(6) 柔和风格

在上个世纪末本世纪初，一种追求平稳中带些微豪华的仿会所式的设计开始在各式房地产楼盘的样板房和写字楼中出现，继而大量出现在普通的家居装饰之中。这种风格比较强调一种较为简单但又不失内容的装饰形式，逐步形成了以黑胡桃木为主要木工装饰面板的风格。其中，简约主义和极简主义装修风格开始浮出水面。

(7) 优雅风格

优雅风格是出现在上世纪末本世纪初的一种设计风格，它基本上基于以墙纸为主要装饰面材、结合混油的木工做法。优雅风格强调比例和色彩的和谐，人们开始会把一堵墙的上部分与天花同色，而墙面使用一种带有淡淡纹理的墙纸。整个风格显得十分优雅和恬静，不带有一丝的浮躁。

(8) 都市风格

进入 21 世纪，房改的进行，造成众多年轻的首次置业者的出现，从而促进了都市风格的产生。因为年轻人刚刚买了房子，很多都囊中羞涩，而这个时候的房地产供应基本上又都以毛坯房为主，这些年轻人被迫进行了装修的革命——通过各种各样的形式来强调“已经装修”的观感，其中大量使用明快的色彩就是一种典型的例子。人们会在家居中大量使用各种各样的色彩，甚至有时候在同一个空间中，使用三种或三种以上的色彩。

(9) 清新风格

清新风格是一种在简约主义影响下衍生出来的一种带有“小资”味道的室内设计风格。随着众多单身贵族的出现，这种小资风格大量地出现在各式公寓的装修之中。很多情况下，他们的居住者没有诸如老人和小孩之类的成员，所以在装修中不必考虑众多的功能问题，相反，应更多地考虑居住情调的营造。

(10) 中式风格

随着众多现代派主义的出现，我国国内已出现了一股复古风，“复古”就是中式装饰风格的复兴。国画、书画及明清家具构成了中式设计的最主要元素，越来越多的业主倾向于在装修时选用这一清新雅致的风格。

6.18 现代简约主义装修风格有哪些流行表现?

简约主义装修风格是近年来在国际上非常流行的一种装修风格，备受很多知名设计师推崇。简约与其他元素的相加，会产生别样的风情。

(1) 极简＋融合

融合(Fusion)是指跨时间、跨地域、跨文化的不同风格的混搭与兼容。在家居界，融合代表一种罕见的独特品味，暗示着主人对生活的深刻领悟。经常出国旅行的人和收藏家从世界各地带回许多艺术品装饰室内，既寻求各种不同文化背景的艺术品之间的兼容性，又可炫耀主人的身价。只有对每种文化精髓具有深度洞察力和鉴赏力，才可能成功驾驭“跨界”的语言。兼容各种风格艺术的室内空间颠覆了既有规则，追求各方结合之后撞击出了新感觉。

(2) 极简＋新浪漫

新浪漫是指一种以女性主张为核心的风格，时尚的空气正在转变，当社会的价值观产生变化和动荡的时候，以女性主张为核心的新浪漫主义崛起，知识小女子的多愁善感由此风靡一时，甚至在男性意识中女性主张的一面也占了上风，家居环境中浪漫柔美的饰物越来越多。

(3) 极简＋高技派/创意精神

高技派/创意精神源于人们对未来高科技的一种创意构想。裸露的钢管、冰冷的金属、耀眼的玻璃将工业社会的特征表露无疑，给时尚人群以大快朵颐的痛快与强烈的视觉冲击。对于新技术、新材料认识的不断加深使得空间的表现形式发生改变，摒弃一味使空间成为纯粹技术现象的低级手段，在科技与艺术之间寻求平衡，用技术为生活服务。

(4) 极简＋新经典

简约主义发展到极致，逐渐汲取了古典主义的精华并滋生出新的特点，出现了兼具装饰之美与干练气质的新经典风格——它是极简与新怀旧的折中，既不是绝对简单的横竖线条，也不是新怀旧的再现。新经典代表了一种性格中的冷静之美，家居空间优雅含蓄、装饰考究，宽框家具整体视觉上很简洁，亦不乏令人踏实的温厚之感。

(5) 极简＋ArtDeco

ArtDeco风格始于20世纪20年代的欧洲，采用流畅而锐利的线条、几何的造型，强调数学性与动能感。作为ArtDeco装饰风格的轮回，“极简＋ArtDeco”以其特定的社会感情和文化意识，从秩序、线条、形式、色彩等方面带给人们愉悦，从文化、理想、象征、历史等方面满足人们更深层次的需要。

(6) 新怀旧

经过上世纪20年代到50年代“老旧时尚”的洗礼，再定义的、有设计感和高级感的欧洲古典风格，成为一种“新怀旧”。新怀旧融入了欧洲高级知识分子对历史的反思，为上流社会的优雅人士所喜欢。新怀旧不是对古物的简单堆砌，更强调整体环境的系统性：衣柜、墙板、顶线、地板或门板等等，风格统一又各有不同。只有将装修、家具、后期配饰进行系统的整体设计，才有可能塑造真正的新怀旧风格。

6.19 哪些古典家装风格趋于流行？

当前家装流行趋向于舒适、品位、有中国特色、充满文化内涵，以下几种风格集品位之大乘，是备受青睐的风尚之选。

（1）新中式风格

新中式风格包括两方面要素：一是中国传统文化在当前时代背景下的演绎；二是在此基础上的当代设计。新中式设计将中式家具的原始功能进行演变：比如原先的画案书案，如今用做餐桌；原先的双人榻如今用做三人沙发；原先的条案如今成了电视柜；原先的药柜变成了存放小件衣物的柜子。

（2）新帕拉蒂奥风格

新帕拉蒂奥风格拥有严谨而标准的古典美，随着时间的前行，科技的发展，生活方式的转变，融合现代技术与工艺的新帕拉蒂奥风尚在西方社会中一直拥有广泛的追随者，对东方而言，西方上流阶层辉煌奢华的生活模式曾是电影中的画面，如今，却成为身边现实。此种风格复古元素在横平竖直中表现出的婉约之美令人沉醉。

（3）欧式古典风格

欧式古典风格在空间上追求连续性，追求形体的变化和层次感。室内外色彩鲜艳，光影变化丰富；室内多用带有图案的壁纸、地毯、窗帘、床罩及账幔以及古典式装饰画或物件；为体现华丽的风格，家具、门、窗多漆成白色，家具、画框的线条部位饰以金线、金边。欧式古典风格追求华丽、高雅，典雅中透着高贵，深沉里显露豪华，具有很强的文化韵味和历史内涵。

6.20 在进行中西合璧的混搭风格家装时，应该注意哪些要点？

混搭看似漫不经心，实则出奇制胜。要想轻松混搭成功，一定先要做好功课。虽然是多种元素共存，但不代表乱搭一气，混搭是否成功，关键还是要确定一个“基调”，以这种风格为主线，其他风格做点缀，分出有轻有重，有主有次。中式或亚洲式的设计一向以简约、质感见长，如果能够巧妙的与西方现代、创新的概念结合，就可以完成一个时下最时尚的混搭之家。

(1) 家具混搭

容易混搭的三类方式：设计风格一致，但形态、色彩、质感各异的家具；色彩不一样，但形态相似的家具；设计、制作工艺非常好的家具，无论古今中外，也不管色彩、形态、质感、材料是否一致。

提供的发挥线索如下：

① 现代简约的3+2沙发搭配一张古典优雅的主人椅，便能凸显整个空间的视觉感，并且彰显主人独特的个性与品位。

② 西式现代家具与同样线条简单的中国明式家具的组合也能产生不错的效果，比如用现代沙发搭配明式圈椅，或者在简洁风格的客厅中放一个中式木箱充当茶几，甚至把风格完全不同的几把凳子摆在一起，只要感觉对了，想怎么搭就怎么搭。

中式和西式家具的搭配比例最好是3∶7。因为中式老家具的造型和色泽十分抢眼，可自然地使室内充满怀古气息，但太多反而会显得杂乱无章。此外，尽量挑选比较实用的，除了欣赏之外，还可赋予老家具新的生命。

(2) 材质混搭

在材质上，可采用的选择也十分多元，皮革与金属，皮革与木头，瓷与木头，塑料与金属等等。

提供的发挥线索如下：

① 墙壁用南欧风味的复古砖，地板用现代感明亮的抛光石英砖，轻松产生对比效果。

② 用地砖做拼花设计，进门就有休闲放松的感觉。

③ 只换掉一面墙壁的颜色，选用大胆鲜艳的颜色和图样，想省事的话，购买一些具有混搭效果的墙纸。

(3) 家纺混搭

在欧洲，家纺品多风格交融的趋势同样存在，比如在许多当地家庭装饰中，家具和织品的颜色是当代的，但是装饰灯、窗帘帷帐等又是传统的。

提供的发挥线索如下：

① 在床品图案上，可以借鉴的有古代青花与西洋玫瑰、现代风格的纹理与古典盘扣，民间剪纸与蕾丝，流苏，羽毛与牛仔的融合等等。

② 如果偏爱浓烈的色调，深红＋翠绿，橙色＋深蓝，深黄＋深红＋纯黑等最不可能搭配在一起的颜色组合，也往往能取到出奇制胜的效果。

(4) 装饰混搭

这是最简单但也许是最有效的方法。选用一些点睛的小饰品，如薄纱透光窗帘、藤制灯饰，蓝绸大伞、真丝屏风……可以轻松呈现异国情调。

提供的发挥线索如下：

① 若要让家里呈现华丽怀旧风，编织的灯饰、有珠珠的抱枕、珠帘都是可以利用的小元素。

② 几块少数民族图腾、东南亚的民俗布，即可展现异国格调。在一些特色家饰店里，有不少印度、尼泊尔的布料、抱枕、地毯可以选择，将它们随意铺在沙发上，或当窗帘，做地毯，家里气氛立刻大变。

③ 选用古旧的收藏品作装饰，既可以体现工艺和文化背景，又能淡化现代居室的冰冷，使空间更加厚重沉稳，但一定要带着美学修养去“采集”，不然家里很容易变成“杂货铺”。

6.21 家居装修有哪些发展趋势？

未来几年的家居装修会有以下三种发展趋势：

(1) 绝大多数的工薪阶层都重视家装

工薪阶层搞家装以经济型为主，并且青睐实用舒适的设计。他们希望从简洁、清新的风格中体现出一定的文化品位，所以，家装的流行趋势已渐渐由东西亚风格向北美风格转移。另一种具有前卫设计特点的意大利与北欧风格的装修设计又开始流行起来，这种风格的主要特点是注重居室的功能，家具造型简洁，少装饰，做工细致，体现出高度工业化产品的简练与精致，有很强的个性，因而受到年轻人的喜爱。

(2) 天然材料依然受宠，新材料渐入佳境

材料反映了人和环境、人和自然的和谐关系，也反映了以人为本、以自然为本的现代理念。除了天然的石材和木材，现在家装中使用玻璃、铁艺、布艺等材料也很普遍。玻璃茶几、玻璃隔断既通透明亮，又简约美观，很富现代感。

(3) 轻装修重装饰，注重室内陈设配合

如今大多数家庭把装修的预算都打在了墙面、地面的装修上，而对于室内摆设考虑很少，很多人把家装修一新后，再把杂乱的家具摆进去，装修的效果就整个变了味。设计师对此也很无奈。他们很想将陈设与装修一起考虑，给客户提出他们的建议，但又怕这样一来加大了预算，把客户吓跑。因此，装修与装饰的问题还应引起人们的重视。

6.22　未来几年春夏家纺流行趋势"路在何方"?

过去在家庭装修中曾经流行繁复的细节，但随着生活节奏的加快，城市人更渴望能够在闲适宁静的环境中偷享一份独有的单纯的快乐。远离喧嚣的海滨和幽远宁静的山林都非常适合人们的这种需求。在设计上，家纺虽然采用简单化的方式，但不乏细节上的点缀；在色彩上，避免了多种颜色掺杂在一起带来的冲突感。采用的冷绿色系或者蓝色系都会给人一种舒适宁静的感觉；原本看起来平淡无奇的家纺往往因为几个深色的小点，一排钩织的小球，一篮红色的樱桃而令现代社会的城市人有回归清新田园的感动。专家们预测，在繁复的细节设计流行之后，简洁、干练的颜色和布料将是未来家纺的主流。

第7章

家居装修健康指南

近几年来，“家居健康”成为了人们目光的聚集点，人们开始关注与生活密切相关的家居环境。什么是室内环境污染？家庭装修中可能会出现哪些污染问题？如何对付家居装修污染问题？怎样做到绿色装修？光污染是怎么一回事？厨房里可能有哪些另类的污染？通过本章的介绍，希望能给读者一些建议和启示，让我们一起营造健康的家居环境。

7.1 什么是室内环境污染？

室内环境污染(Indoor Environmental Pollution)指室内空气中混入有害人体健康的氡、甲醛、苯、氨、总挥发性有机物等气体的现象。

7.2 室内环境污染造成的健康危害有什么特点？

室内环境污染通常被称为“看不见的杀手”，对健康造成的危害不容易被人们察觉，它们通常具有以下几个特点：

(1) 长期性

人的一生之中有3/4以上的时间在室内度过。长期在被污染了的室内环境中生活和工作，会对人体健康造成严重危害，这是室内空气污染对人体危害的特征之一。

(2) 隐蔽性

有时候，室内空气中有害物质的浓度很低，不容易被发现，但正是这种在装修中产生的不易被发现的有害气体，往往严重威胁着人们的身体健康。一般来说，人们只要能够感觉到气味的存在，就说明有害物质的浓度已经相当高了。

(3) 被动性

人的生命离不开空气、水和食物。人可以主动的选择水和食物，可以通过加强防范来保障身体的健康。但是人们却不能主动选择空气，室内的空气一旦被污染，居住者就只能被动的呼吸。

7.3　家装中有哪些有害气体?

一般来说，家装中的有害气体包括：甲醛、苯、氡、氨和总挥发性有机物 TVOC。

甲醛(HCHO)是一种无色易溶的刺激性气体，可经呼吸道吸收，其水溶液“福尔马林”可经消化道吸收。

苯是一种无色具有特殊芳香气味的液体，沸点为 80℃。甲苯、二甲苯属于苯的同系物，都是煤焦分馏或石油的裂解产物。目前室内装饰中多用甲苯、二甲苯代替纯苯作各种胶、油漆、涂料和防水材料的溶剂或稀释剂。

氡是天然产生的放射性气体，无色、无味，不易察觉。现代居室的多种建材和装饰材料都会产生氡，导致室内氡浓度逐步上升。

氨是一种无色而具有强烈刺激性臭味的气体，比空气轻(密度为 0.5)，可感觉最低浓度为 5.3ppm。氨是一种碱性物质，对接触的皮肤组织都有腐蚀和刺激作用。它可以吸收皮肤组织中的水分，使组织蛋白变性，并使组织脂肪皂化，破坏细胞膜结构。

总挥发性有机物 TVOC 是由一种或多种碳原子组成，容易在室温和正常大气压下蒸发的化合物的总称，它们是存在于室内环境中的无色气体。

7.4 甲醛有什么危害?

甲醛具有强烈的致癌和促癌作用，对人体健康的影响主要表现在嗅觉异常、刺激、过敏、肺功能异常、肝功能异常和免疫功能异常等方面。其浓度在每立方米空气中达到0.06～0.07mg/m^{3}时，儿童就会发生轻微气喘。当室内空气中甲醛含量为0.1mg/m^{3}时，就会产生异味和不适感；达到0.5mg/m^{3}时，可刺激眼睛，引起流泪；达到0.6mg/m^{3}时，可引起咽喉不适或疼痛。浓度更高时，可引起恶心呕吐，咳嗽胸闷，气喘甚至肺水肿；达到30mg/m^{3}时，会导致立即死亡。

专家认为，长期接触低剂量甲醛的危害更大，会引起慢性呼吸道疾病，引起鼻咽癌、结肠癌、脑癌、月经紊乱、细胞核的基因突变、DNA单链内交连和DNA与蛋白质交连及抑制DNA损伤的修复、妊娠综合症，引起新生儿染色体异常、白血病，引起青少年记忆力和智力下降。儿童和孕妇及老人对甲醛尤为敏感，因此甲醛污染对他们的危害也就更大。国际癌症研究所已建议将其作为可疑致癌物对待。

7.5 家居空气中的甲醛从哪里来?

专家提醒，用作室内装饰的胶合板、细木工板、中密度纤维板和刨花板等人造板材中均含有甲醛。各种装饰建筑材料例如用脲醛泡沫树脂作为隔热材料的预制板、贴墙布、贴墙纸、化纤地毯、泡沫塑料、油漆和涂料等，它们都含有甲醛成分并有可能向外界散发。目前，生产人造板使用的胶粘剂一般采用脲醛树脂，该材料以甲醛为主要成分，板材中残留的和未参与反应的甲醛会逐渐向周围环境释放，是室内空气中甲醛的主要来源。

7.6 苯有什么危害?

苯具有易挥发、易燃、蒸气有爆炸性的特点。人在短时间内吸入高浓度甲苯、二甲苯，会造成中枢神经系统被麻醉，轻则会头晕、头痛、恶心、胸闷、乏力、意识模糊，重则会昏迷以致呼吸、循环衰竭而死亡。人在长期接触一定浓度的甲苯、二甲苯的情况下会产生慢性中毒，出现头痛、失眠、精神萎靡、记忆力减退等神经衰弱症状。苯化合物已经被世界卫生组织确定为强烈致癌物质。

7.7　苯主要存在于哪些装修材料中？

专家提醒消费者，苯主要存在于油漆、天那水、稀料、各种胶粘剂、防水材料和低档假冒的涂料中。例如，苯化合物主要从油漆中挥发出来；一些家庭购买的沙发释放出大量的苯，主要原因是生产中使用了含苯高的胶粘剂；原粉加稀料配制成的防水涂料，操作15h后检测，室内空气中苯含量超过国家允许最高浓度的14.7倍。

7.8　氡有什么危害？

氡对人体的危害有确定性效应和随机效应两种。

(1) 确定性效应

确定性效应表现为在高浓度氡的环境下暴露，机体出现血细胞的变化。氡对人体脂肪有很高的亲和力，特别是当氡与神经系统结合后，对人体的危害更大。

(2) 随机效应

随机效应主要表现为肿瘤的发生。由于氡是放射性气体，当人们吸入体内后，氡衰变产生的阿尔法粒子可在人的呼吸系统造成辐射损伤，从而诱发肺癌。专家研究表明，氡是除吸烟以外引起肺癌的第二大因素，世界卫生组织(WHO)的国际癌症研究中心(IARC)以动物实验证实：氡是当前认识到的19种主要的环境致癌物质之一。科学研究发现，氡对人体的辐射伤害占人体一生中所受到的全部辐射伤害的55%以上，其诱发肺癌的潜伏期大多在15年以上，世界上有1/5的肺癌患者与氡有关。

7.9 氨从哪里来？

氨主要来自建筑施工中使用的混凝土外加剂，特别是在冬季施工过程中，在混凝土墙体中加入尿素和氨水为主要原料的混凝土防冻剂。这些含有大量氨类物质的外加剂在墙体中随着温湿度等环境因素的变化，还原成氨气从墙体中缓慢释放出来，造成室内空气中氨的浓度大量增加。

另外，室内空气中的氨也来自室内装饰材料中的添加剂和增白剂，但是，这种污染释放期比较短，不会在空气中长期大量积存，对人体的危害相应小一些，但是，也应引起大家的重视。

7.10 氨有什么危害？

长期接触氨，部分人可能会出现皮肤色素沉积或手指溃疡等症状；氨被呼入肺后容易通过肺泡进入血液，与血红蛋白结合，破坏运氧功能。

短期内吸入大量氨气后会出现流泪、咽痛、声音嘶哑、咳嗽、痰带血丝、胸闷、呼吸困难等症状，同时可能伴有头晕、头痛、恶心、呕吐、乏力，严重者会出现肺水肿、成人呼吸窘迫综合症。

7.11 VOC有什么危害？

挥发性有机物常用“VOC”表示，它是“Votatile Organic Compound”三个词第一个字母的缩写，但有时也用总挥发性有机物“TVOC”来表示(T是Total 缩写)。VOC是空气中三种有机污染物(多环芳烃、挥发性有机物和醛类化合物)中影响较为严重的一种，在常温下可以蒸发的形式存在于空气中。它的毒性、刺激性、致癌性和特殊的气味性，会影响皮肤和黏膜，对人体产生急性损害。

VOCs是“Votatile Organic Compounds”的缩写，由于单独的浓度低但种类多，一般不逐个予以表示，以VOCs表示其总量。若暴露在含高浓度VOCs的工业环境中，人体的中枢神经系统、肝脏、肾脏及血液都会受到极大的危害。

敏感的人即使对低浓度的VOCs也会有剧烈的反应。

7.12 VOC从哪里来?

VOC是一类重要的室内污染物，目前已鉴定出300多种，以VOCs表示其总量。它们各自的浓度往往不高，但若干种共同存在于室内时，其联合作用却不容忽视。室内环境中的VOCs可能从室外空气中进入，或从建筑材料、清洗剂、化妆品、蜡制品、地毯、家具、激光打印机、影印机、胶粘合剂以及室内的油漆中散发出来。一旦这些VOCs暂时或持久地超出正常的背景水平，就会引起室内空气质量问题。

7.13 如何在装修选材中避免装修污染?

装修材料的种类繁多，消费者往往感觉到难以选择，专家提醒大家，在选择装修材料时一定要严格按照国家的相关标准进行，同时还应注意对以下三类装饰材料的选择：

(1) 石材瓷砖类。这类材料要注意它们的放射性污染，特别是一些花岗岩等天然石材。它们的放射性物质含量比较高，因此应该严格按照国家规定的标准进行选择。

(2) 胶漆涂料类。例如家具漆、墙面漆和装修中使用的各种黏合剂等。这类材料是造成室内空气中苯污染的主要来源，市场上存在的问题比较多，广大消费者不易选择，购买时千万注意不要购买假冒产品。

(3) 人造板材类。例如各种复合地板、大芯板、贴面板以及密度板等。这是造成室内甲醛污染的主要来源，而且消费者不好把握。大家在选择时除了要注意品牌和外在质量外，最好在装修前利用甲醛消除剂对板材进行有害物质的消除工作，这样可以大大降低人造板的甲醛释放量。

7.14 在施工工艺中会出现装修污染吗?

在室内装修中，要注意选择符合室内环境要求，不会造成室内环境污染的施工工艺，这也是防止室内环境污染的一个重要方面。室内环境检测中心近几年检测发现，由于施工工艺不合理造成的室内环境污染问题非常突出，目前问题最大的工艺问题主要集中在以下两个方面：

(1) 地板铺装

在实木地板和复合地板下铺装衬板是传统的施工工艺，但采用这种工艺造成室内环境污染问题的现象却十分普遍。从铺装在地板下面的大芯板和其他人造板中挥发出来的甲醛无法被封闭，造成了室内甲醛污染，加之部分装修公司为增加利润而采用低档材料，更加剧了室内甲醛的含量。铺装衬板的方法也造成一旦铺装完毕就无法对地板下的空间进行通风处理的问题，这样一来，室内的甲醛也就不易被清除，长时间危害人体健康。

(2) 墙面涂饰

按照国家规范要求，进行墙面涂饰工程时，要进行基层处理，涂刷界面剂，以防止墙面脱皮或者裂缝。可是一些装修公司却采用涂刷清漆进行基层处理的工艺，而且大多选用了低档清漆，在涂刷时加入了大量的稀释剂，造成了室内严重的苯污染。苯被封闭在腻子和墙漆内，会在相当长的一段时间内在室内挥发，因此不易被清除。

7.15 为保障家居健康应注意哪些环节?

为保障家居环境健康应注意四大环节：房地产开发环节；装饰装修设计与施工环节；建筑装饰材料流通环节；家具、家纺、家电等家用饰品配套环节。只有每一个环节都做到绿色环保，才能拥有一个健康的家居环境。

控制家居环境健康必须从源头开始。首先要从房地产开发环节着手，居民在购房时要对时下流行的“绿色住宅”问个清楚明白，问得越细越好。其次，严格把关装饰装修设计与施工环节。做家装时，尽量找一些正规、有一定品牌的装修公司。同时，在合同中要对装修材料、装修后室内环境空气质量提出明确要求。目前建筑材料市场上销售的建材商品大多标有“环保材料”“绿色建材”等字样，但实际上这些产品大多只是符合行业生产标准，所以并不能把它们称作环保产品。只有标有“十环”和“绿色之星”等环保标志的产品才是国家认可的环保建材。同时，在家装中应尽量避免使用溶剂型涂料，而应多选择使用自来水作为稀释剂的水性涂料。目前市场上流行的一些去除甲醛、苯等污染的产品和技术，如甲醛粉、光触媒、纳米材料等，还没有经过有关权威部门的鉴定，去除效果也只是企业一方的说法，所以消费者在选择时应该慎重考虑。家居配套用品的环保问题也同样不容忽视。纺织品一般含有甲醛，消费者在选择窗帘等布艺产品时，要注意面料标签是否标示甲醛含量。

7.16　国家关于居室空气质量颁布了哪些卫生标准？

目前，国家关于居室空气质量已经颁布了以下卫生标准：

(1)《居室空气中甲醛的卫生标准》(GB/T 16127—1995)。甲醛最高容许浓度为0.08mg/m^3。

(2)《住房内氡浓度控制标准》(GB/T 16146—1995)。新建房内氡浓度年平均不得超过10Bq/m^3，旧房子装修后，氡浓度年平均不得超过200Bq/m^3(放射性强度单位用贝可勒尔“becquerel”表示，简称贝可，表示1s内发生一次核衰变，符号为Bq。3.7×10^{10}Bq=1居里，1居里等于1g镭所放射的氡的强度)。

(3)《室内空气中二氧化碳的卫生标准》(GB/T 17094—1997)。二氧化碳的卫生标准值为≤0.10%。

(4)《室内空气中可吸入颗粒物卫生标准》(GB/T 17095—1997)。规定可吸入颗粒物的日平均最高容许浓度为0.15mg/m^3。

(5)《室内空气中氮氧化物卫生标准》(GB/T 17096—1997)。规定氮氧化物的日平均最高容许浓度为0.10mg/m^3。

(6)《室内空气中二氧化硫卫生标准》(GB/T 17097—

1997)。规定二氧化硫的日平均最高容许浓度为0.15mg/m³。

7.17 室内装饰装修材料有害物质限量有国家标准吗?

国家质量监督检验检疫总局和国家标准化管理委员会发布“室内装饰装修材料有害物质限量”等10项国家标准，自2002年1月1日起正式实施。2002年7月1日起，市场上停止销售不符合该国家标准的产品。

10项标准是:《室内装饰装修材料人造板及其制品中甲醛释放限量》(GB 18680—2001);《室内装饰装修材料溶剂型木器涂料中有害物质限量》(GB 18681—2001)、《室内装饰装修材料内墙涂料中有害物质限量》(GB 18682—2001)、《室内装饰装修材料胶粘剂中有害物质限量》(GB 18683—2001)、《室内装饰装修材料木家具中有害物质限量》(GB 18684—2001)、《室内装饰装修材料壁纸中有害物质限量》(GB 18685—2001)、《室内装饰装修材料聚氯乙烯卷材地板中有害物质限量》(GB 18686—2001)、《室内装饰装修材料地毯、地毯衬垫及地毯用胶粘剂中有害物质释放限量》(GB 18687—2001)、《建筑材料放射性核素限量》(6566—2001)。

7.18 家居装修中有哪些花草不宜采用?

花木中存在很多“隐形杀手”，它们虽然看起来色彩鲜艳、枝繁叶茂，但却是癌症的“帮凶”。专家强调，“促癌”不同于“致癌”。致癌物质可以直接诱发细胞癌变，而促癌物质本身不会直接导致细胞癌变，而是可能促进致癌物质或致癌病毒诱发细胞癌变，即起“帮凶”作用，这在国内外的实验中也得到了证实。专家提醒，以下52种花草可能促癌：石粟、变叶木、细叶变叶木、蜂腰榕、石山巴豆、毛果巴豆、巴豆、麒麟冠、猫眼草、泽漆、甘遂、续随子、高山积雪、铁海棠、千根草、红背桂花、鸡尾木、多裂麻风树、红雀珊瑚、山乌桕、乌桕、圆叶乌桕、油桐、木油桐、火殃勒、芫花、结香、狼毒、黄芫花、了哥王、土沉香、细轴荛花、苏木、广金钱草、红芽大戟、猪殃殃、黄毛豆腐柴、假连翘、射干、鸢尾、银粉背蕨、黄花铁线莲、金果榄、曼陀罗、三梭、红凤仙花、剪刀股、坚荚树、阔叶猕猴桃、海南蒌、苦杏仁、怀牛膝。最有可能出现在老百姓家中的植物有铁海棠(俗称，刺儿梅)、变叶木、鸢尾、乌桕、红凤仙、油桐、金果榄等。

7.19 厨房里的另类污染指什么?

人们往往会走进这样的误区：脏乱的地方才存在污染。实际上，专家最近的研究表明，即使看起来洁净的厨房也会潜伏着危害人体健康的“杀手”。除了大家熟知的细菌污垢外，厨房里还有容易被人们忽视的噪声污染、视觉污染和嗅觉污染。

7.20 厨房的噪声污染是什么?

炊具、餐具相互碰撞时，抽油烟机在运转时，橱柜在闭合开启时，都会发出这样那样的恼人声音，这些就是厨房的噪声污染。

国家规定住宅区白天的噪声不能超过50分贝(一般说话声音为40～60分贝)，室内噪声限值要低于所在区域标准值的10分贝。一个未经专业设计的厨房，噪声要远大于这个标准。医学证实，过度的噪声污染，会导致人的耳部不适，出现耳鸣耳痛症状；损害心血管；分散注意力，降低工作效率；造成神经系统功能紊乱，此外还会对视力产生影响。为把噪声带来的污染降至最低，应设计合理的储物架，安置好各类炊具和餐具；应安装减振吸声的门板垫；应选用抽力与静音都较好的吸油烟机，这样，我们的健康才有保障。

7.21 厨房的视觉污染是什么?

视觉污染主要指错误的色彩搭配和光线运用对人体产生了危害。

（1）色彩搭配

医学专家认为，过于强烈的色彩会刺激人的感官，导致血液流通加快，心情易紧张；而太沉静的色彩，会减缓血液流通速度，长时间接触容易让人迟钝。例如对于家里有老年人的家庭来说，应选用中性或淡雅色调的家具。

（2）灯光选用

不少人认为，厨房的灯只要能够照明就可以，但设计师认为，厨房的灯选用不当会形成不少阴影，即背光的视觉障碍区，会影响人们的心情。因此，专家认为应在厨房安装一些辅助光源协调照明；装修中不要使用较大面积的反光材料，以免引起头晕眼花。

7.22　厨房的嗅觉污染是什么？

除了液化石油气、天然气泄漏外，炒菜时产生的油烟废气也是嗅觉污染的主要来源。

现在，厨房装修多采用开放式设计。中餐制作中喜欢煎、炸等烹饪方式，产生较大的油烟，而开放式的厨房里空气流动范围较大，油烟机不能很好地聚敛排放油烟，造成餐厅和客厅的油烟废气污染。烹饪过程中产生的油烟不仅包括一氧化碳、二氧化碳和颗粒物，还有丙烯醛、环芳烃等有机物质。其中丙烯醛会引发咽喉疼痛，眼睛干涩，乏力等症状；过量的环芳烃会导致细胞突变，诱发癌症。

专家认为，加强厨房的排换气系统，尽量改变一些烹调方式，减少厨房明火的产生能够缓解厨房油烟污染。开放式的厨房可以在灶台与油烟机间加半开放式的隔层，这样能有效聚敛烹饪过程中产生的油烟。

7.23　绿色环保施工怎么做？

绿色环保施工是装修过程中常被忽略的问题，选择了环保材料不等于抵抗了污染。只有深入关注到施工过程的中间控制环节，才能有效地抑制和减少污染。

(1) 施工材料

① 各种材料要分类摆放在不同的房间，注意加强通风来加速污染物质的挥发、减轻有害物质的聚集和多种材料的聚合反应。

② 每天施工后把未用完的胶粘剂、油漆或其他化学合成材料密封放置，避免有害物质的滞留。

③ 注意及时清运装修垃圾。

(2) 装修材料

装修材料关，是整个绿色施工的关键环节。一般在统一采购的基础上就可以保证材料的品质和环保标准。但要注意大量的装修材料聚集会产生超出规定限量的气体，产生污染。

值得注意的是，新型材料和进口材料具备加工工艺先进、污染小的优势，但这两者在性能和加工工艺上，需要一定时期的检验和应用才能逐渐成熟，所以消费者不要盲目地认为“新型”、“进口”的材料就是好材料。

(3) 净化手段

操作简单便捷是“喷”、“涂”类净化手段的优点。但目前有关研究显示：各种空气净化剂，只能在一定程度上消除甲醛的污染，并不能彻底地解决环保问题。因此消费者不要过于相信“一喷就环保”的说法。

7.24　“夜上海”灯光效果健康吗?

为凸显气派，在家装时采用各种颜色不同、光照强度不一、发光原理各异的灯泡，俗称“夜上海”。这样是否健康呢？专家认为，在家装时一定当心因灯泡太多造成的光污染。

目前国内还没有专门的规定对家庭装修用灯产生的光污染进行管理。但国际照明委员会在最新的《室内工作场所照明指南S008—2001》中，已经对室内区域的作业和活动照度、眩光限制和颜色质量等与工作环境有关的方面做了相关规定。该指南中对休息室、休闲室内照明的限定可供居室参考。

在家装时，要注意以下与“光”有关的问题：

(1) 避免产生刺眼的眩光。例如，层高较低的屋子应避免采用吊得过低的灯，接近于水平视线方向的灯也尽量不要裸露。

(2) 室内灯光应尽量柔和，避免过亮或过暗。过亮以及过于集中的灯光易对眼底黄斑造成光损伤。有研究表明光损伤早期易造成白内障，此后还会使矫正视力逐步下降。反之，长时间使用过暗的灯光会诱发夜近视及青光眼。应注意合理搭配和选择带有色彩的灯，一味地使用红、黄等单调色灯，会损伤视力。专家认为，绿色的灯对眼睛较好。

(3) 勿使用不合格灯具。部分灯具由于采用不合格的荧光粉，不但发光效率低，还会产生不少紫外线。长时间使用这种灯具不但会使眼睛怕光流泪、充血肿胀，甚至导致视力下降。

7.25 不同的房间各选什么灯光好?

专家认为，色彩对人的心理和生理都有很大影响。例如，蓝色的灯光往往具有镇定效果，可减缓心律、调节平衡，消除紧张情绪；米色、浅蓝、浅灰等可使人放松，有利于休息和睡眠；红、橙、黄色属于暖色系，能使人兴奋，精神振奋。选择合适的颜色，在光环境下保护自己的身心健康，是每一个爱家之人不可忽视的内容。

卧室是人们休息和放松的最重要的地方，灯光应该柔和，不应用强烈刺激的灯光和色彩，还应避免色彩间形成的强烈对比。例如红色使人血压升高，呼吸加快，不利于放松和休息。

书房是人们学习和思考的重要场所，采用黄色灯光比较合适。因为黄色的灯光可以营造一种开阔的感觉，不但使人精神振奋，学习效率提高，而且有利于消除和减轻眼睛疲劳。

客厅是公共区域，可采用鲜亮明快的灯光设计。为烘托出友好、亲切的气氛，可以采用丰富多彩的颜色，为构成意境可以采用多层次的方法。

餐厅宜采用黄色、橙色的灯光，因为黄色、橙色能刺激食欲。

厨房对照明的要求稍高，灯光设计尽量明亮、实用，但是色彩不能太复杂，可以选用一些隐蔽式荧光灯来为厨房的工作台面提供照明。

卫生间的灯光设计要温暖、柔和，烘托出浪漫的情调。

7.26 如何挑选空气净化器？

冬季取暖和夏季使用空调期间，室内空气污染较为严重，为保护身体健康，不少家庭都会考虑购买空气净化器。那么如何选购一台理想的空气净化器呢？

首先，考虑使用环境和期望达到的效果。如果室内烟尘污染较重，例如装修污染较严重，可选择针对去除空气中污染物较佳的空气净化器。医用 HEPA 高密度过滤材料能很好地的过滤和吸附 0.3μm（微米）以上污染物，对烟尘、可吸入颗粒物、细菌病毒都有很强的净化能力，而军用催化活性碳对异味有害气体净化效果较佳。

其次，考虑空气净化器的净化能力。如果房间较大，应选择单位时间内净化风量大的空气净化器。一般来说体积较大的净化器能力较强。例如，15m^3 的房间应选择 120m^3/h 的空气净化器。

第三，考虑净化器的使用寿命。随着使用时间的增加，净化器的净化能力会下降，用户应选择具有再生能力的净化过滤胆（包括高效催化活性碳），以延长使用寿命。

第四，考虑风机的使用寿命与净化器的匹配。大风量输出能力的净化器需要匹配马力强劲、噪声低、寿命长的风力输出系统。采取降低使用滤材的等级和（或）减少使用滤材的数量的方法，实际上是降低净化器的“净化效率”和“净化寿命”。

第五，考虑两好一高的公司。不同公司生产的空气净化器在技术水平、产品质量和售后服务等方面存在差距，消费者在购买空气净化器时应选择信誉好、技术水平高和售后服务好的公司生产的产品。

附　录

家居装修相关法规

住宅室内装饰装修管理办法

（2002年3月5日　建设部令第110号发布　自2002年5月1日起施行）

第一章　总则

第一条　为加强住宅室内装饰装修管理，保证装饰装修工程质量和安全，维护公共安全和公众利益，根据有关法律、法规，制定本办法。

第二条　在城市从事住宅室内装饰装修活动，实施对住宅室内装饰装修活动的监督管理，应当遵守本办法。

本办法所称住宅室内装饰装修，是指住宅竣工验收合格后，业主或者住宅使用人（以下简称装修人）对住宅室内进行装饰装修的建筑活动。

第三条　住宅室内装饰装修应当保证工程质量和安全，符合工程建设强制性标准。

第四条　国务院建设行政主管部门负责全国住宅室内装饰装修活动的管理工作。

省、自治区人民政府建设行政主管部门负责本行政区域内的住宅室内装饰装修活动的管理工作。

直辖市、市、县人民政府房地产行政主管部门负责本行政区域内的住宅室内装饰装修活动的管理工作。

第二章　一般规定

第五条　住宅室内装饰装修活动，禁止下列行为：

（一）未经原设计单位或者具有相应资质等级的设计单位提出设计方案，变动建筑主体和承重结构；

（二）将没有防水要求的房间或者阳台改为卫生间、厨房间；

（三）扩大承重墙上原有的门窗尺寸，拆除连接阳台的砖、混凝土墙体；

（四）损坏房屋原有节能设施，降低节能效果；

（五）其他影响建筑结构和使用安全的行为。

本办法所称建筑主体，是指建筑实体的结构构造，包括屋盖、楼盖、梁、柱、支撑、墙体、连接接点和基础等。

本办法所称承重结构，是指直接将本身自重与各种外加作用力系统地传递给基础地基的主要结构构件和其连接接点，包括承重墙体、立杆、柱、框架柱、支墩、楼板、梁、屋架、悬索等。

第六条　装修人从事住宅室内装饰装修活动，未经批准，不得有下列行为：

（一）搭建建筑物、构筑物；

（二）改变住宅外立面，在非承重外墙上开门、窗；

（三）拆改供暖管道和设施；

（四）拆改燃气管道和设施。

本条所列第（一）项、第（二）项行为，应当经城市规划行政主管部门批准；第（三）项行为，应当经供暖管理单位批准；第（四）项行为应当经燃气管理单位批准。

第七条　住宅室内装饰装修超过设计标准或者规范增加楼面荷载的，应当经原设计单位或者具有相应资质等级的设计单位提出设计方案。

第八条　改动卫生间、厨房间防水层的，应当按照防水标准制订施工方案，并做闭水试验。

第九条　装修人经原设计单位或者具有相应资质等级的设计单位提出设计方案变动建筑主体和承重结构的，或者装修活动涉及本办法第六条、第七条、第八条内容的，必须委托具有相应资质的装饰装修企业承担。

第十条　装饰装修企业必须按照工程建设强制性标准和其他技术标准施工，不得偷工减料，确保装饰装修工程质量。

第十一条　装饰装修企业从事住宅室内装饰装修活动，应当遵守施工安全操作规程，按照规定采取必要的安全防护和消防措施，不得擅自动用明火和进行焊接作业，保证作业人员和周围住房及财产的安全。

第十二条 装修人和装饰装修企业从事住宅室内装饰装修活动，不得侵占公共空间，不得损害公共部位和设施。

第三章 开工申报与监督

第十三条 装修人在住宅室内装饰装修工程开工前，应当向物业管理企业或者房屋管理机构(以下简称物业管理单位)申报登记。

非业主的住宅使用人对住宅室内进行装饰装修，应当取得业主的书面同意。

第十四条 申报登记应当提交下列材料：

(一) 房屋所有权证(或者证明其合法权益的有效凭证)；

(二) 申请人身份证件；

(三) 装饰装修方案；

(四) 变动建筑主体或者承重结构的，需提交原设计单位或者具有相应资质等级的设计单位提出的设计方案；

(五) 涉及本办法第六条行为的，需提交有关部门的批准文件，涉及本办法第七条、第八条行为的，需提交设计方案或者施工方案；

(六) 委托装饰装修企业施工的，需提供该企业相关资质证书的复印件。

非业主的住宅使用人，还需提供业主同意装饰装修的书面证明。

第十五条 物业管理单位应当将住宅室内装饰装修工程的禁止行为和注意事项告知装修人和装修人委托的装饰装修企业。

装修人对住宅进行装饰装修前，应当告知邻里。

第十六条 装修人，或者装修人和装饰装修企业，应当与物业管理单位签订住宅室内装饰装修管理服务协议。

住宅室内装饰装修管理服务协议应当包括下列内容：

(一) 装饰装修工程的实施内容；

(二) 装饰装修工程的实施期限；

(三) 允许施工的时间；

(四) 废弃物的清运与处置；

(五) 住宅外立面设施及防盗窗的安装要求；

(六) 禁止行为和注意事项；

(七) 管理服务费用；

(八) 违约责任；

(九) 其他需要约定的事项。

第十七条 物业管理单位应当按照住宅室内装饰装修管理服务协议实

施管理，发现装修人或者装饰装修企业有本办法第五条行为的，或者未经有关部门批准实施本办法第六条所列行为的，或者有违反本办法第七条、第八条、第九条规定行为的，应当立即制止；已造成事实后果或者拒不改正的，应当及时报告有关部门依法处理。对装修人或者装饰装修企业违反住宅室内装饰装修管理服务协议的，追究违约责任。

第十八条　有关部门接到物业管理单位关于装修人或者装饰装修企业有违反本办法行为的报告后，应当及时到现场检查核实，依法处理。

第十九条　禁止物业管理单位向装修人指派装饰装修企业或者强行推销装饰装修材料。

第二十条　装修人不得拒绝和阻碍物业管理单位依据住宅室内装饰装修管理服务协议的约定，对住宅室内装饰装修活动的监督检查。

第二十一条　任何单位和个人对住宅室内装饰装修中出现的影响公众利益的质量事故、质量缺陷以及其他影响周围住户正常生活的行为，都有权检举、控告、投诉。

第四章　委托与承接

第二十二条　承接住宅室内装饰装修工程的装饰装修企业，必须经建设行政主管部门资质审查，取得相应的建筑业企业资质证书，并在其资质等级许可的范围内承揽工程。

第二十三条　装修人委托企业承接其装饰装修工程的，应当选择具有相应资质等级的装饰装修企业。

第二十四条　装修人与装饰装修企业应当签订住宅室内装饰装修书面合同，明确双方的权利和义务。

住宅室内装饰装修合同应当包括下列主要内容：

（一）委托人和被委托人的姓名或者单位名称、住所地址、联系电话；

（二）住宅室内装饰装修的房屋间数、建筑面积，装饰装修的项目、方式、规格、质量要求以及质量验收方式；

（三）装饰装修工程的开工、竣工时间；

（四）装饰装修工程保修的内容、期限；

（五）装饰装修工程价格，计价和支付方式、时间；

（六）合同变更和解除的条件；

（七）违约责任及解决纠纷的途径；

（八）合同的生效时间；

（九）双方认为需要明确的其他条款。

第二十五条 住宅室内装饰装修工程发生纠纷的，可以协商或者调解解决。不愿协商、调解或者协商、调解不成的，可以依法申请仲裁或者向人民法院起诉。

第五章 室内环境质量

第二十六条 装饰装修企业从事住宅室内装饰装修活动，应当严格遵守规定的装饰装修施工时间，降低施工噪声，减少环境污染。

第二十七条 住宅室内装饰装修过程中所形成的各种固体、可燃液体等废物，应当按照规定的位置、方式和时间堆放和清运。严禁违反规定将各种固体、可燃液体等废物堆放于住宅垃圾道、楼道或者其他地方。

第二十八条 住宅室内装饰装修工程使用的材料和设备必须符合国家标准，有质量检验合格证明和有中文标识的产品名称、规格、型号、生产厂厂名、厂址等。禁止使用国家明令淘汰的建筑装饰装修材料和设备。

第二十九条 装修人委托企业对住宅室内进行装饰装修的，装饰装修工程竣工后，空气质量应当符合国家有关标准。装修人可以委托有资格的检测单位对空气质量进行检测。检测不合格的，装饰装修企业应当返工，并由责任人承担相应损失。

第六章 竣工验收与保修

第三十条 住宅室内装饰装修工程竣工后，装修人应当按照工程设计合同约定和相应的质量标准进行验收。验收合格后，装饰装修企业应当出具住宅室内装饰装修质量保修书。

物业管理单位应当按照装饰装修管理服务协议进行现场检查，对违反法律、法规和装饰装修管理服务协议的，应当要求装修人和装饰装修企业纠正，并将检查记录存档。

第三十一条 住宅室内装饰装修工程竣工后，装饰装修企业负责采购装饰装修材料及设备的，应当向业主提交说明书、保修单和环保说明书。

第三十二条 在正常使用条件下，住宅室内装饰装修工程的最低保修期限为二年，有防水要求的厨房、卫生间和外墙面的防渗漏为五年。保修期自住宅室内装饰装修工程竣工验收合格之日起计算。

第七章 法律责任

第三十三条 因住宅室内装饰装修活动造成相邻住宅的管道堵塞、渗漏水、停水停电、物品毁坏等，装修人应当负责修复和赔偿；属于装饰装修企业责任的，装修人可以向装饰装修企业追偿。

装修人擅自拆改供暖、燃气管道和设施造成损失的，由装修人负责赔偿。

第三十四条　装修人因住宅室内装饰装修活动侵占公共空间，对公共部位和设施造成损害的，由城市房地产行政主管部门责令改正，造成损失的，依法承担赔偿责任。

第三十五条　装修人未申报登记进行住宅室内装饰装修活动的，由城市房地产行政主管部门责令改正，处5百元以上1千元以下的罚款。

第三十六条　装修人违反本办法规定，将住宅室内装饰装修工程委托给不具有相应资质等级企业的，由城市房地产行政主管部门责令改正，处5百元以上1千元以下的罚款。

第三十七条　装饰装修企业自行采购或者向装修人推荐使用不符合国家标准的装饰装修材料，造成空气污染超标的，由城市房地产行政主管部门责令改正，造成损失的，依法承担赔偿责任。

第三十八条　住宅室内装饰装修活动有下列行为之一的，由城市房地产行政主管部门责令改正，并处罚款：

（一）将没有防水要求的房间或者阳台改为卫生间、厨房间的，或者拆除连接阳台的砖、混凝土墙体的，对装修人处5百元以上1千元以下的罚款，对装饰装修企业处1千元以上1万元以下的罚款；

（二）损坏房屋原有节能设施或者降低节能效果的，对装饰装修企业处1千元以上5千元以下的罚款；

（三）擅自拆改供暖、燃气管道和设施的，对装修人处5百元以上1千元以下的罚款；

（四）未经原设计单位或者具有相应资质等级的设计单位提出设计方案，擅自超过设计标准或者规范增加楼面荷载的，对装修人处5百元以上1千元以下的罚款，对装饰装修企业处1千元以上1万元以下的罚款。

第三十九条　未经城市规划行政主管部门批准，在住宅室内装饰装修活动中搭建建筑物、构筑物的，或者擅自改变住宅外立面、在非承重外墙上开门、窗的，由城市规划行政主管部门按照《城市规划法》及相关法规的规定处罚。

第四十条　装修人或者装饰装修企业违反《建设工程质量管理条例》的，由建设行政主管部门按照有关规定处罚。

第四十一条　装饰装修企业违反国家有关安全生产规定和安全生产技术规程，不按照规定采取必要的安全防护和消防措施，擅自动用明火作业和进行焊接作业的，或者对建筑安全事故隐患不采取措施予以消除的，由建设行政主管部门责令改正，并处1千元以上1万元以下的罚款；情节严重的，责令停业整顿，并处1万元以上3万元以下的罚款；造成重大安全事故的，降低资质等级或者吊销资质证书。

第四十二条 物业管理单位发现装修人或者装饰装修企业有违反本办法规定的行为不及时向有关部门报告的，由房地产行政主管部门给予警告，可处装饰装修管理服务协议约定的装饰装修管理服务费2至3倍的罚款。

第四十三条 有关部门的工作人员接到物业管理单位对装修人或者装饰装修企业违法行为的报告后，未及时处理，玩忽职守的，依法给予行政处分。

第八章 附 则

第四十四条 工程投资额在30万元以下或者建筑面积在300平方米以下，可以不申请办理施工许可证的非住宅装饰装修活动参照本办法执行。

第四十五条 住宅竣工验收合格前的装饰装修工程管理，按照《建设工程质量管理条例》执行。

第四十六条 省、自治区、直辖市人民政府建设行政主管部门可以依据本办法，制定实施细则。

第四十七条 本办法由国务院建设行政主管部门负责解释。

第四十八条 本办法自2002年5月1日起施行。

全国室内装饰行业管理暂行规定

第一条 为了加强室内装饰行业管理，规范行业行为，维护行业共同利益，保障消费者的合法权益，促进行业健康发展，遵照国办通［1992］31号和国办发［1993］58号文件规定制定本规定。

第二条 本规定所称的室内装饰活动，是指对人们活动的所有成型空间的再加工再创造，是一个包括室内空间及相关环境的装饰设计、施工、室内用品配套供应的集技术、艺术、劳务和工程服务于一体的系统工程。前款所称的人们活动的所有成型空间，是指房屋、车船、飞机等所有建筑物、成型体的内部空间。

第三条 室内装饰工程应当做到安全、适用、经济，努力为用户创造一个优美、舒适的工作环境和生活环境。

第四条 本规定适用于一切从事室内装饰活动的建设单位，设计、施工企业，个体经营者以及室内装饰工程质量和安全监督单位、监理单位。军事设施及特殊工程的室内装饰设计与施工，按国家有关规定执行。

第五条　中国轻工总会是全国室内装饰行业的主管部门。县级以上地方轻工管理部门或室内装饰行业管理机构负责本辖区内的室内装饰活动的监督管理工作。

第六条　各级室内装饰行业管理机构的主要职责是：

（一）根据国家产业政策，制定并组织实施行业发展规划和技术经济政策，协调处理行业重大问题，指导行业健康发展；

（二）审核、制发室内装饰设计单位和施工企业资质等级证书和许可证；

（三）监督管理室内装饰工程的发包、承包和招标、投标工作；

（四）组织评定室内装饰设计人员专业资格，建立健全持证上岗制度；

（五）会同有关部门监督、验收、评估室内装饰设计、施工工程质量、安全标准和工程预算、决算、定额取费标准的执行情况；

（六）会同有关部门监督、检查、维护室内装饰市场秩序；

（七）监督、实施室内装饰行业统计制度；

（八）对室内装饰设计单位、施工企业进行奖励活动；

（九）受理群众对室内装饰质量投诉，协调处理室内装饰活动中的纠纷；

（十）发挥室内装饰行业协会的作用，组织从事室内装饰活动的企业和个人，制定行业守则。遵守职业道德，对国家和社会负责，维护行业共同利益，为广大用户服务；

（十一）建立室内装饰行业信息网络，举办各类展览、讲座及学术性活动，组织交流行业最新讯息，开展咨询服务；

（十二）组织室内装饰行业技术、管理经验交流，推广新技术、新材料、新机具、新设备的应用；

（十三）开发国际间室内装饰设计、施工、材料、用品的交流，引进资金与技术、推动对外贸易与经济技术合作；

（十四）组织室内装饰设计、施工与管理各类人才的培训，提高队伍素质；

（十五）加强对室内装饰行业的宣传，增强公众对室内环境、室内卫生、室内安全的全面认识，正确引导消费。

第七条　凡从事室内装饰活动的设计单位和施工企业，都必须按原轻工业部和国家技术监督局联合发布的《全国室内装饰设计单位、施工企业管理规定》的要求，申请办理资质等级证书，并到工商行政管理部门注册登记，领取营业执照；在资质等级许可的范围内承接室内装饰工程，从事室内装饰经营。无资质等级证书和营业执照的企业，不得承接室内装饰工程和从事室内装饰经营活动。

取得室内装饰资质等级证书的单位和企业，必须按期受发证部门的资质复查和年检，逾期不接受资质复查和年检的，资质证书将被公布失效。

第八条 在室内装饰活动中应实行公平竞争的原则，不得用贿赂等不正当手段承揽工程。凡投资总额在 50 万元（含 50 万元）以上的室内装饰工程，不论其是否纳入国家基建或技改投资计划，必须采取和主体建筑物分开，公开招标的方式发包。

第九条 室内装饰工程设计单位和施工企业承接室内装饰工程，应按《中华人民共和国经济合同法》和原轻工业部、国家技术监督局、国家物价局联合发布的《全国室内装饰工程预算定额》、《全国室内装饰设计取费办法》等规定，使用工商行政管理部门统一监制的合同文本，签订合同，严格履行。

第十条 跨省、自治区、直辖市、计划单列市承包室内装饰工程的设计单位和施工企业，必须接受当地有关部门的管理。应凭企业所在地室内装饰主管部门发放的资质等级证书及外出施工证明和工商执照，到当地室内装饰行业管理部门、工商行政管理部门、质量和安全监督部门进行验证、登记、核批，领取室内装饰工程设计、施工许可证，方可承揽室内装饰工程。

第十一条 境外室内装饰设计单位和施工企业来承接工程，必须到当地室内装饰主管部门、工商行政管理部门、质量和安全监督部门进行验证，依据国家和当地的管理法规进行登记、核批，领取室内装饰工程设计、施工许可证，方可承接工程。

第十二条 室内装饰设计单位和施工企业在国外承包室内装饰业务，必须精选骨干人员，严格质量、安全要求，发扬中华民族优质文化传统和艺术风格，维护中国室内装饰行业的信誉。

第十三条 对家庭室内装饰，应组织正规队伍，建立相应组织，完善管理办法。凡进入居民住户进行室内装饰设计与施工的人员，必须有劳动部门、公安部门的有关证明，经过室内装饰行业主管部门组织的上岗培训与资格认定。

第十四条 室内装饰工程施工及验收必须认真执行原轻工业部和国家技术监督局联合发布的《室内装饰工艺规程和质量验收办法》及中国轻工总会

发布的《中华人民共和国行业标准(QB 1838—93)室内装饰工程质量规范》。

第十五条　对室内装饰工程质量实行从开工到竣工的全过程，由室内装饰工程质检机构监督检验评定证书制。凡投资50万元(含50万元)以上工程，未取得当地室内装饰主管部门授权的室内装饰工程质量监督检验机构印发的合格证书，不能交付使用。

第十六条　任何单位和企业不得以任何理由拒绝室内装饰工程质量监督检验机构的监督检查。

第十七条　为确保室内装饰工程质量，必须建立严格的室内装饰设计管理制度。施工中需改变设计图纸的，必须严格审批设计变更手续。

第十八条　室内装饰设计、施工和材料的使用，必须严格遵守国家有关防火规定。完成室内装饰施工图纸设计后，建设单位必须报经公安消防部门进行消防安全审核。室内装饰施工现场必须建立严格的防火管理制度。

第十九条　室内装饰设计、施工必须保证房屋结构安全。对原有建筑物拆改主体结构、设备或明显加大荷载的室内装饰工程，建设单位必须按有关部门的规定报批。未经有关部门批准，不得施工。已鉴定为危险的房屋，不得进行室内装饰施工。

第二十条　室内装饰施工现场必须符合环境保护要求。应当采取措施控制粉尘、废弃物及噪声，不得妨碍人们的正常生活，确保人身安全。

第二十一条　室内装饰工程实行限期保修制度。在不少于一年的保修期内，由施工单位负责维修，维修费由责任方承担。因不可抗拒的因素造成的质量问题，维修费用由建设单位承担。

第二十二条　违反本规定有关条款，有下列行为之一的，由县级以上地方室内装饰行业管理部门会同有关部门，按照国家和有关部门的规定予以处理；构成犯罪的，由司法机关依法追究刑事责任。

一、未取得室内装饰设计、施工资质证书和许可证而进行室内装饰设计、施工的；

二、未经批准超越资质许可范围营业的；

三、出卖、转让、出借、涂改、复制、伪造资质证书的；

四、采取不正当手段承揽工程的；

五、应公开招标发包而未按规定进行招标的；

六、将设计、施工发包给超出资质等级范围企业的；

七、未经公安消防部门审核进行室内装饰施工的；

八、未经有关部门批准在室内装饰施工中拆改房屋主体结构、设备或明显加大荷载的；

九、在已鉴定为危险的房屋内进行室内装饰施工的；

十、在室内装饰中违反环境保护有关规定的；

十一、拒绝室内装饰质量检验机构的监督和检查的；

十二、未经室内装饰工程质量监督检验机构验收或不合格工程交付使用的。

第二十三条 各级室内装饰行业管理部门的工作人员，应廉洁自律，秉公办事，热情服务，接受监督。凡利用工作之便谋取私利、群众不满的，不得在行业管理部门工作。

第二十四条 各省、自治区、直辖市、计划单列市室内装饰行业主管部门，应根据本规定结合地区实际情况制定补充规定和具体实施办法，报中国轻工总会备案。

第二十五条 本规定由中国轻工总会负责解释。

第二十六条 过去的规定与本规定不符的，以本规定为准。

第二十七条 本规定自发布之日起实施。

国家住宅装饰装修工程施工规范

（GB 50327—2001）

1. 总则

1.0.1 为住宅装饰装修工程施工规范，保证工程质量，保障人身健康和财产安全，保护环境，维护公共利益，制定本规范。

1.0.2 本规范适用于住宅建筑内部的装饰装修工程施工。

1.0.3 住宅装饰装修工程施工除应执行本规范外，尚应符合国家现行有关标准，规范的规定。

2. 术语

2.0.1 住宅装饰装修。为了保护住宅建筑的主体结构，完善住宅的使用功能，采用装饰装修材料或饰物，对住宅内部表面和使用空间环境所进行的处理和美化过程。

2.0.2 室内环境污染。指室内空气中混入有害人体建康的氡、甲醛、苯、氨、总挥发性有机物等气体的现象。

2.0.3 基体。建筑物的主体结构和围护结构。

2.0.4 基层。直接承受装饰装修施工的表面层。

3. 基本规定

3.1　施工基本要求

3.1.1　施工前应进行设计交底工作，并应对施工现场进行核查，了解物业管理的有关规定。

3.1.2　各工序，各分项工程应自检、互检及交接检。

3.1.3　施工中，严禁损坏房屋原有绝热设施；严禁损坏受力钢筋；严禁超荷载集中堆放物品；严禁在预制混凝土空心楼板上打孔安装埋件。

3.1.4　施工中，严禁擅自改动建筑主体、承重结构或改变房间主要使用功能；严禁擅自拆改燃气、暖气、通讯等配套设施。

3.1.5　管道、设备工程的安装及调试应在装饰装修工程施工前完成，必须同步进行的应在饰面层施工前完成。装饰装修工程不得影响管道、设备的使用和维修。涉及燃气管道的装饰装修工程必须符合有关安全管理的规定。

3.1.6　施工人员应遵守有关施工安全、劳动保护、防火、防毒的法律，法规。

3.1.7　施工现场用电应符合下列规定：

① 施工现场用电应从户表以后设立临时施工用电系统。

② 安装、维修或拆除临时施工用电系统，应由电工完成。

③ 临时施工供电开关箱中应装设漏电保护器。进入开关箱的电源线不得用插销连接。

④ 最先进用电线路应避开易燃、易爆物品堆放地。

⑤ 暂停施工时应切断电源。

3.1.8　施工现场用水应符合下列规定：

① 不得在未做防水的地面蓄水。

② 临时用水管不得有破损、滴漏。

③ 暂停施工时应切断水源。

3.1.9　文明施工和现场环境应符合下列要求：

① 施工人员应衣着整齐。

② 施工人员应服从物业管理或治安保卫人员的监督、管理。

③ 应控制粉尘、污染物、噪声、震动等对相邻居民、居民区和城市环境的污染及危害。

④ 施工堆料不得占用楼道内的公共空间，封堵紧急出口。

⑤ 室外堆料应遵守物业管理规定，避开公共通道、绿化地、化粪池等市政公用设施。

⑥ 工程垃圾宜密封包装，并放在指定垃圾堆放地。

⑦ 不得堵塞、破坏上下水管道、垃圾道等公共设施，不得损坏楼内各种公共标识。

⑧ 工程验收前应将施工现场清理干净。

3.2 材料、设备基本要求

3.2.1 住宅装饰装修工程所用材料的品种、规格、性能应符合设计的要求及国家现行有关标准的规定。

3.2.2 严禁使用国家明令淘汰的材料。

3.2.3 住宅装饰装修所用的材料应按设计要求进行防火、防腐和防蛀处理。

3.2.4 施工单位应对进场主要材料的品种、规格、性能进行验收。主要材料应有产品合格证书，有特殊要求的应有相应的性能检测报告和中文说明书。

3.2.5 现场配制的材料应按设计要求或产品说明书制作。

3.2.6 应配备满足施工要求的配套机具设备及检测仪器。

3.2.7 住宅装饰装修工程应积极使用新材料、新技术、新工艺、新设备。

3.3 成品保护

3.3.1 施工过程中材料运输应符合下列规定：

① 材料运输使用电梯时，应对电梯采取保护措施。

② 材料搬运时要避免损坏楼道内顶、墙、扶手、楼道窗户及楼道门。

3.3.2 施工过程中应采取下列成品保护措施：

① 各工种在施工中不得污染、损坏其他工种的半成品、成品。

② 材料表面保护膜应在工程竣工时撤除。

③ 对邮箱、消防、供电、报警、网络等公共设施应采取保护措施。

4. 防火安全

4.1 一般规定

4.1.1 施工单位必须制定施工防火安全制度，施工人员必须严格遵守。

4.1.2 住宅装饰装修材料的燃烧性能等级要求，应符合现行国家标准《建筑内部装修设计防火规范》(GB 50222)的规定。

4.2 材料的防火处理

4.2.1 对装饰织物进行阻燃处理时，应使其被阻燃剂浸透，阻燃剂的干含量应符合产品说明书的要求。

4.2.2 对木质装饰装修材料进行防火涂料涂布前应对其表面进行清洁。涂布至少分两次进行，且第二次涂布应在第一次涂布的涂层表干后进行，涂布量应不小于 500g/m^2。

4.3 施工现场防火

4.3.1 易燃物品应相对集中放置在安全区域并应有明显标识。施工现场不得大量积存可燃材料。

4.3.2 易燃易爆材料的施工，应避免敲打、碰撞、磨擦等可能出现火花的操作。配套使用的照明灯、电动机、电气开关、应有安全防爆装置。

4.3.3 使用油漆等挥发性材料时，应随时封闭其容器，擦拭后的棉纱等物品应集中存放且远离热源。

4.3.4 施工现场动用气焊等明火时，必须清除周围及焊渣滴落区的可燃物质，并设专人监督。

4.3.5 施工现场必须配备灭火器、沙箱或其他灭火工具。

4.3.6 严禁在施工现场吸烟。

4.3.7 严禁在运行中的管道、装有易燃易爆的容器和受力构件上进行焊接和切割。

4.4 电气防火

4.4.1 照明、电热器等设备的高温部位靠近非 A 级材料，或导线穿越 B2 级以下装修材料时，应采用岩棉、瓷管或玻璃棉等 A 级材料隔热。当照明灯具或镇流器嵌入可燃装饰装修材料中时，应采取隔热措施予以分隔。

4.4.2 配电箱的壳体和底板宜采用 A 级材料制作。配电箱不得安装在 B2 级以下(含 B2 级)的装修材料上。开关、插座应安装在 B1 级以上的材料上。

4.4.3 卤钨灯灯管附近的导线应采用耐热绝缘材料制成的护套，不得直接使用具有延燃性绝缘的导线。

4.4.4 明敷塑料导线应穿管或加线槽板保护，吊顶内的导线应穿金属管或 B1 级 PVC 管保护，导线不得裸露。

4.5 消防设施的保护

4.5.1 住宅装饰装修不得遮挡消防设施、疏散指示标志及安全出口，并且不应妨碍消防设施和疏散通道的正常使用，不得擅自改动防火门。

4.5.2 消火栓门四周的装饰装修材料颜色应与消火栓门的颜色有明显区别。

4.5.3 住宅内部火灾报警系统的穿线管、自动喷淋灭火系统的水管线应用独立的吊管架固定。不得借用装饰装修用的吊杆和放置在吊顶上固定。

4.5.4 当装饰装修重新侵害了住宅房间的平面布局时，应根据有关设计规范针对新的平面调整火灾自动报警探测器与自动灭火喷头的布置。

4.5.5 喷淋管线、报警器线路、接线箱及相关器件宜暗装处理。

5. 室内环境污染控制

5.0.1 本规范中控制的室内环境污染物为：氡(222Rn)、甲醛、氨、苯和总挥发性有机物(TVOC)。

5.0.2 住宅装饰装修室内环境污染控制除应符合本规范外，尚应符合《民用建筑工程室内环境污染控制规范》(GB 50325—2001)等国家现行标准的规定，设计、施工应选用低毒性、低污染的装饰装修材料。

5.0.3 对室内环境污染控制有要求的，可按有关规定对5.0.1条的内容全部或部分进行检测，其污染物浓度限值应符合表5.0.3的要求。

住宅装饰装修后室内环境污染浓度限值　　表 5.0.3

室内环境污染物	浓度限值
氡(Bq/m^3)	≤200
甲醛(mg/m^3)	≤0.08
苯(mg/m^3)	≤0.09
氨(mg/m^3)	≤0.20
总挥发性有机物 TVOC(Bq/m^3)	≤0.50

6. 防水工程

6.1 一般规定

6.1.1 本章适用于卫生间、厨房、阳台的防水工程施工。

6.1.2 防水施工宜采用涂膜防水。

6.1.3 防水施工人员应具备相应的岗位证书。

6.1.4 防水工程应在地面、墙面隐蔽工程完毕并经检查验收后进行。其施工方法应符合国家现行标准、规范的有关规定。

6.1.5 施工时应设置安全照明，并保持通风。

6.1.6 施工环境温度应符合防水材料的技术要求，并宜在5℃以上。

6.1.7 防水工程应做两次蓄水试验。

6.2 主要材料质量要求

6.2.1 防水涂料的性能应符合国家现行有关标准的规定，并应有产品合格证书。

6.3 施工要点

6.3.1 基层表面应平整，不得有松动、空鼓、起沙、开裂等缺陷，含水率应符合防水材料的施工要求。

6.3.2 地漏、套管、卫生洁具根部、阴阳角等部位，应先做防水附加层。

6.3.3 防水层应从地面延伸到墙面，高出地面100mm；浴室墙面的防水层不得低于1800mm。

6.3.4 防水砂浆施工应符合下列规定：①防水砂浆的配合比应符合设计或产品的要求，防水层应与基层结合牢固，表面应平整，不得有空鼓、裂缝和麻面起砂，阴阳角应做成圆弧形。②保护层水泥砂浆的厚度、强度应符合设计要求。

6.3.5 涂膜防水施工应符合下列规定：①涂膜涂刷应均匀一致，不得漏刷。总厚度应符合产品技术性能要求。②玻纤布的接槎应顺流水方向搭接，搭接宽度应不小于100mm。两层以上玻纤布的防水施工，上、下搭接应错开幅宽的1/2。

7. 抹灰工程

7.1 一般规定

7.1.1 本章适用于住宅内部抹灰工程施工。

7.1.2 顶棚抹灰层与基层之间及各抹灰层之间必须粘结牢固，无脱层、空鼓。

7.1.3 不同材料基体交接处表面的抹灰应采取防止开裂的加强措施。

7.1.4 室内墙面、柱面和门洞口的阳角做法应符合设计要求。设计无要求时，应采用1∶2水泥砂浆做暗护角，其高度不应低于2m，每侧宽度不应小于50mm。

7.1.5 水泥砂浆抹灰层应在抹灰24h后进行养护。抹灰层在凝结前，应防止快干、水冲、撞击和震动。

7.1.6 冬期施工，抹灰时的作业面温度不宜低于5℃；抹灰层初凝前不得受冻。

7.2 主要材料质量要求

7.2.1 抹灰用的水泥宜为硅酸盐水泥、普通硅酸盐水泥，其强度等级不应小于32.5。

7.2.2 不同品种不同标号的水泥不得混合使用。

7.2.3 水泥应有产品合格证书。

7.2.4 抹灰用砂子宜选用中砂，砂子使用前应过筛，不得含有杂物。

7.2.5 抹灰用石灰膏的熟化期不应少于15d。罩面用磨细石灰粉的熟化期不应少于3d。

7.3 施工要点

7.3.1 基层处理应符合下列规定：①砖砌体，应清除表面杂物、尘土，抹灰前应洒水湿润。②混凝土，表面应凿毛或在表面洒水润湿后涂刷1∶1水泥砂浆(加适量胶粘剂)。③加气混凝土，应在湿润后边刷界面剂，边抹强度不大于M5的水泥混合砂浆。

7.3.2 抹灰层的平均总厚度应符合设计要求。

7.3.3 大面积抹灰前应设置标筋。抹灰应分层进行，每遍厚度宜为5～7mm。抹石灰砂浆和水泥混合砂浆每遍厚度宜为7～9mm。当抹灰总厚度超出35mm时，应采取加强措施。

7.3.4 用水泥砂浆和水泥混合砂浆抹灰时，应待前一抹灰层凝结后方可抹后一层；用石灰砂浆抹灰时，应待前一抹灰层七八成干后方可抹后一层。

7.3.5 底层的抹灰层强度不得低于面层的抹灰层强度。

7.3.6 水泥砂浆拌好后，应在初凝前用完，凡结硬砂浆不得继续使用。

8. 吊顶工程

8.1 一般规定

8.1.1 本章适用于明龙骨和暗龙骨吊顶工程的施工。

8.1.2 吊杆、龙骨的安装间距、连接方式应符合设计要求。后置埋件、金属吊杆、龙骨应进行防腐处理。木吊杆、木龙骨、造型木板和木饰面板应进行防腐、防火、防蛀处理。

8.1.3 吊顶材料在运输、搬运、安装、存放时应采取相应措施，防止受潮、变形及损坏板材的表面和边角。

8.1.4 重型灯具、电扇及其他重型设备严禁安装在吊顶龙骨上。

8.1.5 吊顶内填充的吸音、保温材料的品种和铺设厚度应符合设计要求，并应有防散落措施。

8.1.6 饰面板上的灯具、烟感器、喷淋头、风口箅子等设备的位置应合理、美观，与饰面板交接处应严密。

8.1.7　吊顶与墙面、窗帘盒的交接应符合设计要求。

8.1.8　搁置式轻质饰面板，应按设计要求设置压卡装置。

8.1.9　胶粘剂的类型应按所用饰面板的品种配套选用。

8.2　主要材料质量要求

8.2.1　吊顶工程所用材料的品种、规格和颜色应符合设计要求。饰面板，金属龙骨应有产品合格证书。木吊杆、木龙骨的含水率应符合国家现行标准的有关规定。

8.2.2　饰面板表面应平整，边缘应整齐，颜色应一致。穿孔板的孔距应排列整齐；胶合板、木质纤维板、大芯板不应脱胶、变色。

8.2.3　防火涂料应有产品合格证书及使用说明书。

8.3　施工要点

8.3.1　龙骨的安装应符合下列要求：

① 应根据吊顶的设计标高在四周墙上弹线。弹线应清晰、位置应准确。

② 主龙骨吊点间距、起拱高度应符合设计要求。当设计无要求时，吊点间距应小于1.2m，应按房间短向跨度的1%～3%起拱。主龙骨安装后应及时校正其位置标高。

③ 吊杆应通直，距主龙骨端部距离不得超过300mm。当吊杆与设备相遇时，应调整吊点构造或增设吊杆。

④ 次龙骨应紧贴主龙骨安装。固定板材的次龙骨间距不得大于600mm，在潮湿地区和场所，间距宜为300～400mm。用沉头自攻钉安装饰面板时，接缝处次龙骨宽度不得小于40mm。

⑤ 暗龙骨系列横撑龙骨应用连接件将其两端连接在通长次龙骨上。明龙骨系列的横撑龙骨与通长龙骨搭接处的间隙不得大于1mm。

⑥ 边龙骨应按设计要求弹线，固定在四周墙上。

⑦ 全面校正主、次龙骨的位置及平整度，连接件应错位安装。

8.3.2　安装饰面板前应完成吊顶内管道和设备的调试和验收。

8.3.3　饰面板安装前应按规格、颜色等进行分类选配。

8.3.4　暗龙骨饰面板（包括纸面石膏板、纤维水泥加压板、胶合板、金属方块板、金属条形板、塑料条形板、石膏板、钙塑板、矿棉板和格栅等）的安装应符合下列规定：

① 以轻钢龙骨、铝合金龙骨为骨架，采用钉固法安装时应使用沉头自攻钉固定。

② 以木龙骨为骨架，采用钉固法安装时应使用木螺钉固定，胶合板可用铁钉固定。

③ 金属饰面板采用吊挂连接件、插接件固定时应按产品说明书的规定放置。

④ 采用复合粘贴法安装时，胶粘剂未完全固化前板材不得有强烈振动。

8.3.5 纸面石膏板和纤维水泥加压板安装应符合下列规定：

① 板材应在自由状态下进行安装，固定时应从板的中间向板的四周固定。

② 纸面石膏板螺钉与板边距离：纸包边宜为10～15mm，切割边宜为15～20mm；水泥加压板螺钉与板边距离宜为8～15mm。

③ 板周边钉距宜为150～170mm，板中钉距不得大于200mm。

④ 安装双层石膏板时，上下层板的接缝应错开，不得在同一根龙骨上接缝。

⑤ 螺钉头宜略埋入板面，并不得使纸面破损。钉眼应做防锈处理并用腻子抹平。

⑥ 石膏板的接缝应按设计要求进行板缝处理。

8.3.6 石膏板、钙塑板的安装应符合下列规定：

① 当采用钉固法安装时，螺钉与板边距离不得小于15mm，螺钉间距宜为150～170mm，均匀布置，并应与板面垂直，钉帽应进行防锈处理，并应用与板面颜色相同涂料涂饰或用石膏腻子抹平。

② 当采用粘接法安装时，胶粘剂应涂抹均匀，不得漏涂。

8.3.7 矿棉装饰吸声板安装应符合下列规定：

① 房间内湿度过大时不宜安装。

② 安装前应预先排板，保证花样、图案的整体性。

③ 安装时，吸声板上不得放置其他材料，防止板材受压变形。

8.3.8 明龙骨饰面板的安装应符合以下规定：

① 饰面板安装应确保企口的相互咬接及图案花纹的吻合。

② 饰面板与龙骨嵌装时应防止相互挤压过紧或脱挂。

③ 采用搁置法安装时应留有板材安装缝，每边缝隙不宜大于1mm。

④ 玻璃吊顶龙骨上留置的玻璃搭接宽度应符合设计要求，并应采用软连接。

⑤ 装饰吸声板的安装如采用搁置法安装，应有定位措施。

9. 轻质隔墙工程

9.1 一般规定

9.1.1 本章适用于板材隔墙、骨架隔墙和玻璃隔墙等非承重轻质隔墙工程的施工。

9.1.2 轻质隔墙的构造，固定方法应符合设计要求。

9.1.3 轻质隔墙材料在运输和安装时，应轻拿轻放，不得损坏表面和边角。应防止受潮变形。

9.1.4 当轻质隔墙下端用木踢脚覆盖时，饰面板应与地面留有20～30mm缝隙；当用大理石、瓷砖、水磨石等做踢脚板时，饰面板下端应与踢脚板上口齐平，接缝应严密。

9.1.5 板材隔墙、饰面板安装前应按品种、规格、颜色等进行分类选配。

9.1.6 轻质隔墙与顶棚和其他墙体的交接处应采取防开裂措施。

9.1.7 接触砖、石、混凝土的龙骨和埋置的木楔应作防腐处理。

9.1.8 胶粘剂应按饰面板的品种选用。现场配置胶粘剂，其配合比应由试验决定。

9.2 主要材料质量要求

9.2.1 板材隔墙的墙板、骨架隔墙的饰面板和龙骨、玻璃隔墙的玻璃应有产品合格证书。

9.2.2 饰面板表面应平整，边沿应整齐，不应有污垢、裂纹、缺角、翘曲、起皮、色差和图案不完整等缺陷。胶合板不应有脱胶、变色和腐朽。

9.2.3 复合轻质墙板的板面与基层(骨架)粘接必须牢固。

9.3 施工要点

9.3.1 墙位放线应按设计要求，沿地、墙、顶弹出隔墙的中心线和宽度线，宽度线应与隔墙厚度一致，弹线应清晰，位置应准确。

9.3.2 轻钢龙骨的安装应符合下列规定：

① 应按弹线位置固定沿地、沿顶龙骨及边框龙骨，龙骨的边线应与弹线重合。龙骨的端部应安装牢固，龙骨与基体的固定点间距应不大于1m。

② 安装竖向龙骨应垂直，龙骨间距应符合设计要求。潮湿房间和钢板网抹灰墙，龙骨间距不宜大于400mm。

③ 安装支撑龙骨时，应先将支撑卡安装在竖向龙骨的开口方向，卡距宜为400～600mm，距龙骨两端的距离宜为20～25mm。

④ 安装贯通系列龙骨时，低于3m的隔墙安装一道，3～5m隔墙安装

两道。

⑤ 饰面板横向接缝处不在沿地、沿顶龙骨上时，应加横撑龙骨固定。

⑥ 门窗或特殊接点处安装附加龙骨应符合设计要求。

9.3.3 木龙骨的安装应符合下列规定：

① 木龙骨的横截面积及纵、横向间距应符合设计要求。

② 骨架横、竖龙骨宜采用开半榫、加胶、加钉连接。

③ 安装饰面板前应对龙骨进行防火处理。

9.3.4 骨架隔墙在安装饰面板前应检查骨架的牢固程度、墙内设备管线及填充材料的安装是否符合设计要求，如有不符合处应采取措施。

9.3.5 纸面石膏板的安装应符合以下规定：

① 石膏板宜竖向铺设，长边接缝应安装在竖龙骨上。

② 龙骨两侧的石膏板及龙骨一侧的双层板的接缝应错开，不得在同一根龙骨上接缝。

③ 轻钢龙骨应用自攻螺钉固定，木龙骨应用木螺钉固定。沿石膏板周边钉间距不得大于200mm，板中钉间距不得大于300mm，螺钉与板边距离应为10～15mm。

④ 安装石膏板时应从板的中部向板的四边固定。钉头略埋入板内，但不得损坏纸面，钉眼应进行防锈处理。

⑤ 石膏板的接缝应按设计要求进行板缝处理。石膏板与周围墙或柱应留有3mm的槽口，以便进行防开裂处理。

9.3.6 胶合板的安装应符合下列规定：

① 胶合板安装前应对板背面进行防火处理。

② 轻钢龙骨应采用自攻螺钉固定。木龙骨采用圆钉固定时，钉距宜为80～150mm，钉帽应砸扁；采用钉枪固定时，钉距宜为80～100mm。

③ 阳角处宜作护角。

④ 胶合板用木压条固定时，固定点间距不应大于200mm。

9.3.7 板材隔墙的安装应符合下列规定：

① 墙位放线应清晰，位置应准确。隔墙上下基层应平整、牢固。

② 板材隔墙安装拼接应符合设计和产品构造要求。

③ 安装板材隔墙时宜使用简易支架。

④ 安装板材隔墙所用的金属件应进行防腐处理。

⑤ 板材隔墙拼接用的芯材应符合防火要求。

⑥ 在板材隔墙上开槽、打孔应用云石机切割或电钻钻孔，不得直接剔

凿和用力敲击。

9.3.8　玻璃砖墙的安装应符合下列规定：

① 玻璃砖墙宜以1.5m高为一个施工段，待下部施工段胶结材料达到设计强度后再进行上部施工。

② 当玻璃砖墙面积过大时应增加支撑。玻璃砖墙的骨架应与结构连接牢固。

③ 玻璃砖应排列均匀整齐，表面平整，嵌缝的油灰或密封膏应饱满密实。

9.3.9　平板玻璃隔墙的安装应符合下列规定：

① 墙位放线应清晰，位置应准确。隔墙基层应平整、牢固。

② 骨架边框的安装应符合设计和产品组合的要求。

③ 压条应与边框紧贴，不得弯棱、凸鼓。

④ 安装玻璃前应对骨架、边框的牢固程度进行检查，如有不牢应进行加固。

⑤ 玻璃安装应符合本规范门窗工程的有关规定。

10. 门窗工程

10.1　一般规定

10.1.1　本章适用于木门窗，铝合金门窗、塑料门窗安装工程的施工。

10.1.2　门窗安装前应按下列要求进行检查：

① 门窗的品种、规格、开启方向、平整度等应符合国家现行有关标准规定，附件应齐全。

② 门窗洞口应符合设计要求。

10.1.3　门窗的存放、运输应符合下列规定：

① 木门窗应采取措施防止受潮、碰伤、污染与暴晒。

② 塑料门窗贮存的环境温度应小于50℃；与热源的距离不应小于1m，当在环境温度为0℃的环境中存放时，安装前应在室温下放置24h。

③ 铝合金、塑料门窗运输时应竖立排放并固定牢靠。樘与栓间应用软质材料隔开，防止相互磨损及压坏玻璃和五金件。

10.1.4　门窗的固定方法应符合设计要求。门窗框、扇在安装过程中，应防止变形和损坏。

10.1.5　门窗安装应采用预留洞口的施工方法，不得采用边安装边砌口或先安装后砌口的施工方法。

10.1.6　推拉门窗扇必须有防脱落措施，扇与框的搭接且应符合设计要求。

10.1.7 建筑外门窗的安装必须牢固，在砖砌体上安装门窗严禁用射钉固定。

10.2 主要材料质量要求

10.2.1 门窗、玻璃、密封胶等应按设计要求选用，并应有产品合格证书。

10.2.2 门窗的外观、外形尺寸、装配质量、力学性能应符合国家现行标准的有关规定，塑料门窗中的竖框、中横框或拼栓料等主要受力杆件中的增强型钢，应在产品说明中注明规格、尺寸。门窗表面不应有影响外观质量的缺陷。

10.2.3 木门窗采用的木材，其含水率应符合国家现行标准的有关规定。

10.2.4 在木门窗的结合处和安装五金配件处，均不得有木节或已填补的木节。

10.2.5 金属门窗选用的零附件及固定件，除不锈钢外均应经防腐蚀处理。

10.2.6 塑料门窗组合窗及连窗门的拼樘应采用与其内腔紧密吻合的增强型钢作为内衬，型钢两端比拼樘料长出10～15mm。外窗的拼樘料截面积尺寸及型钢形状、壁厚，应能使组合窗承受本地区的瞬间风压值。

10.3 施工要点

10.3.1 木门窗的安装应符合下列规定：

① 门窗框与砖石砌体、混凝土或抹灰层接触部位以及固定用木砖等均应进行防腐处理。

② 门窗框安装前应校正方正，加钉必要拉条避免变形。安装门窗框时，每边固定点不得少于两处，其间距不得大于1.2m。

③ 门窗框需镶贴脸时，门窗框应凸出墙面，凸出的厚度应等于抹灰层或装饰面层的厚度。

④ 木门窗五金配件的安装应符合下列规定：

A. 合叶距门窗扇上下端宜取立挺高度的1/10，并应避开上、下冒头。

B. 五金配件安装应用木螺钉固定。硬木应钻2/3深度的孔，孔径应略小于木螺钉直径。

C. 门锁不宜安装在冒头与立梃的结合处。

D. 窗拉手距地面宜为1.5～1.6m，门拉手距地面宜为0.9～1.05m。

10.3.2　铝合金门窗的安装应符合下列规定：

① 门窗装入洞口应横平竖直，严禁将门窗框直接埋入墙体。

② 密封条安装时应留有比门窗的装配边长 20～30mm 的余量，转角处应斜面断开，并用胶粘剂粘贴牢固，避免收缩产生缝隙。

③ 门窗框与墙体间缝隙不得用水泥砂浆填塞，应采用弹性材料填嵌饱满，表面应用密封胶密封。

10.3.3　塑料门窗的安装应符合下列规定：

① 门窗安装五金配件时，应钻孔后用自攻螺钉拧入，不得直接锤击钉入。

② 门窗框、副框和扇的安装必须牢固。固定片或膨胀螺栓的数量与位置应正确，连接方式应符合设计要求，固定点应距窗角、中横框、中竖框 150～100mm，固定点间距应小于或等于 600mm。

③ 安装组合窗时应将两窗框与拼樘料卡接，卡接后应用紧固件双向拧紧，其间距应小于或等于 600mm，紧固件端头及拼樘料与窗框间的缝隙应用嵌缝膏进行密封处理。拼樘料型钢两端必须与洞口固定牢固。

④ 门窗框与墙体间缝隙不得用水泥砂浆填塞，应采用弹性材料填嵌饱满，表面应用密封胶密封。

10.3.4　木门窗玻璃的安装应符合下列规定：

① 玻璃安装前应检查框内尺寸、将裁口内的污垢清除干净。

② 安装长边大于 1.5m 或短边大于 1m 的玻璃，应用橡胶垫并用压条和螺钉固定。

③ 安装木框、扇玻璃，可用钉子固定，钉距不得大于 300mm，且每边不少于两个；用木压条固定时，应先刷底油后安装，并不得将玻璃压得过紧。

④ 安装玻璃隔墙时，玻璃在上框面应留有适量缝隙，防止木框变形，损坏玻璃。

⑤ 使用密封膏时，接缝处的表面应清洁、干燥。

10.3.5　铝合金、塑料门窗玻璃的安装应符合下列规定：

① 安装玻璃前，应清出槽口内的杂物。

② 使用密封膏前，接缝处的表面应清洁、干燥。

③ 玻璃不得与玻璃槽直接接触，并应在玻璃四边垫上不同厚度的垫块，边框上的垫块应用胶粘剂固定。

④ 镀膜玻璃应安装在玻璃的最外层，单面镀膜玻璃应朝向室内。

11. 细部工程

11.1 一般规定

11.1.1 本章适用木门窗套、窗帘盒、固定柜橱、护栏、扶手、花饰等细部工程的制作安装施工。

11.1.2 细部工程应在隐蔽工程已完成并经验收后进行。

11.1.3 框架结构的固定柜橱应用榫连接。板式结构的固定柜橱应用专用连接件连接。

11.1.4 细木饰面板安装后，应立即刷一遍底漆。

11.1.5 潮湿部位的固定橱柜，木门套应做防潮处理。

11.1.6 护栏、扶手应采用坚固、耐久材料，并能承受规范允许的水平荷载。

11.1.7 扶手高度不应小于0.90m，护栏高度不应小于1.05m，栏杆间距不应大于0.11m。

11.1.8 湿度较大的房间，不得使用未经防水处理的石膏花饰、纸质花饰等。

11.1.9 花饰安装完毕后，应采取成品保护措施。

11.2 主要材料质量要求

11.2.1 人造木板、胶粘剂的甲醛含量应符合国家现行标准的有关规定，应有产品合格证书。

11.2.2 木材含水率应符合国家现行标准的有关规定。

11.3 施工要点

11.3.1 木门窗套的制作安装应符合下列规定：

① 门窗洞口应方正垂直，预埋木砖应符合设计要求，并应进行防腐处理。

② 根据洞口尺寸、门窗中心线和位置线，用方木制成搁栅骨架并应做防腐处理，横撑位置必须与预埋件位置重合。

③ 搁栅骨架应平整牢固，表面刨平。安装搁栅骨架应方正，除预留出板面厚度外，搁栅骨架与木砖间的间隙应垫以木垫，连接牢固。安装洞口搁栅骨架时，一般先上端后两侧，洞口上部骨架应与紧固件连接牢固。

④ 与墙体对应的基层板板面应进行防腐处理，基层板安装应牢固。

⑤ 饰面板颜色、花纹应谐调。板面应略大于搁栅骨架，大面应净光，小面应刮直。木纹根部应向下，长度方向需要对接时，花纹应通顺，其接头位置应避开视线平视范围，宜在室内地面2m以上或1.2m以下，接头应

留在横撑上。

⑥ 贴脸、线条的品种、颜色、花纹应与饰面板谐调。贴脸接头应成45°角，贴脸与门窗套板面结合应紧密、平整，贴脸或线条盖住抹灰墙面应不小于10mm。

11.3.2　木窗帘盒的制作安装应符合下列规定：

① 窗帘盒宽度应符合设计要求。当设计无要求时，窗帘盒宜伸出窗口两侧200～300mm，窗帘盒中线应对准窗口中线，并使两端伸出窗口长度相同。窗帘盒下沿与窗口上沿应平齐或略低。

② 当采用木龙骨双包夹板工艺制作窗帘盒时，遮挡板外立面不得有明榫、露钉帽，底边应做封边处理。

③ 窗帘盒底板可采用后置埋木楔或膨胀螺栓固定，遮挡板与顶棚交接处宜用角线收口。窗帘盒靠墙部分应与墙面紧贴。

④ 窗帘轨道安装应平直，窗帘轨固定点必须在底板的龙骨上，连接必须用木螺钉，严禁用圆钉固定。采用电动窗帘轨时，应按产品说明书进行安装调试。

11.3.3　固定橱柜的制作安装应符合下列规定：

① 根据设计要求及地面及顶棚标高，确定橱柜的平面位置和标高。

② 制作木框架时，整体立面应垂直、平面应水平，框架交接处应做榫连接，并应涂刷木工乳胶。

③ 侧板、底板、面板应用扁头钉与框架固定牢固，钉帽应做防腐处理。

④ 抽屉应采用燕尾榫连接，安装时应配置抽屉滑轨。

⑤ 五金件可先安装就位，油漆之前将其拆除，五金件安装应整齐、牢固。

11.3.4　扶手、护栏的制作安装应符合下列规定：

① 木扶手与弯头的接头要在下部连接牢固，木扶手的宽度或厚度超过70mm时，其接头应粘接加强。

② 扶手与垂直杆件连接牢固，紧固件不得外露。

③ 整体弯头制作前应做足尺样板，按样板划线。弯头粘结时，温度不宜低于5℃。弯头下部应与栏杆扁钢结合紧密、牢固。

④ 木扶手弯头加工成形应刨光，弯曲应自然，表面应磨光。

⑤ 金属扶手、护栏垂直杆件与预埋件连接应牢固、垂直，如焊接，则表面应打磨抛光。

⑥ 玻璃栏板应使用夹层夹玻璃或安全玻璃。

11.3.5 花饰的制作安装应符合下列规定：

① 装饰线安装的基层必须平整、坚实，装饰线不得随基层起伏。

② 装饰线、件的安装应根据不同基层，采用相应的连接方式。

③ 木(竹)质装饰线、件的接口应拼对花纹，拐弯接口应齐整无缝，同一种房间的颜色应一致，封口压边条与装饰线、件应连接紧密牢固。

④ 石膏装饰线、件安装的基层应干燥，石膏线与基层连接的水平线和定位线的位置、距离应一致，接缝应45°角拼接。当使用螺钉固定花件时，应用电钻打孔，螺钉钉头应沉入孔内，螺钉应做防锈处理；当使用胶粘剂固定花件时，应选用短时间固化的胶粘材料。

⑤ 金属类装饰线、件安装前应做防腐处理。基层应干燥、坚实。铆接、焊接或紧固件连接时，紧固件位置应整齐，焊接点应在隐蔽处、焊接表面应无毛刺。刷漆前应去除氧化层。

12. 墙面铺装工程

12.1 一般规定

12.1.1 本章适用于石材、墙面砖、木材、织物、壁纸等材料的住宅墙面铺贴安装工程施工。

12.1.2 墙面铺装工程应在墙面隐蔽及抹灰工程、吊顶工程已完成并经验收后进行。当墙体有防水要求时，应对防水工程进行验收。

12.1.3 采用湿作业法铺贴的天然石材应作防碱处理。

12.1.4 在防水层上粘贴饰面砖时，粘结材料应与防水材料的性能相容。

12.1.5 墙面面层应有足够的强度，其表面质量应符合国家现行标准的有关规定。

12.1.6 湿作业施工现场环境温度宜在5℃以上；裱糊时空气相对湿度不得大于85%，应防止湿度及温度剧烈变化。

12.2 主要材料质量要求

12.2.1 石材的品种、规格应符合设计要求，天然石材表面不得有隐伤、风化等缺陷。

12.2.2 墙面砖的品种、规格应符合设计要求，并应有产品合格证书。

12.2.3 木材的品种、质量等级应符合设计要求，含水率应符合国家现行标准的有关要求。

12.2.4 织物、壁纸、胶粘剂等应符合设计要求，并应有性能检测报告和产品合格证书。

12.3　施工要点

12.3.1　墙面砖铺贴应符合下列规定：

① 墙面砖铺贴前应进行挑选，并应浸水2h以上，晾干表面水分。

② 铺贴前应进行放线定位和排砖，非整砖应排放在次要部位或阴角处。每面墙不宜有两列非整砖，非整砖宽度不宜小于整砖的1/3。

③ 铺贴前应确定水平及竖向标志，垫好底尺，挂线铺贴。墙面砖表面应平整、接缝应平直、缝宽应均匀一致。阴角砖应压向正确，阳角线宜做成45°角对接，在墙面突出物处，应整砖套割吻合，不得用非整砖拼凑铺贴。

④ 结合砂浆宜采用1∶2水泥砂浆，砂浆厚度宜为6～10mm。水泥砂浆应满铺在墙砖背面，一面墙不宜一次铺贴到顶，以防塌落。

12.3.2　墙面石材铺装应符合下列规定：

① 墙面砖铺贴前应进行挑选，并应按设计要求进行预拼。

② 强度较低或较薄的石材应在背面粘贴玻璃纤维网布。

③ 当采用湿作业法施工时，固定石材的钢筋网应与预埋件连接牢固。每块石材与钢筋网拉接点不得少于4个。拉接用金属丝应具有防锈性能。灌注砂浆前应将石材背面及基层湿润，并应用填缝材料临时封闭石材板缝，避免漏浆。灌注砂浆宜用1∶2.5水泥砂浆，灌注时应分层进行，每层灌注高度宜为150～200mm，且不超过板高的1/3，插捣应密实。待其初凝后方可灌注上层水泥砂浆。

④ 当采用粘贴法施工时，基层处理应平整但不应压光。胶粘剂的配合比应符合产品说明书的要求。胶液应均匀、饱满的刷抹在基层和石材背面，石材就位时应准确，并应立即挤紧、找平、找正，进行顶、卡固定。溢出胶液应随时清除。

12.3.3　木装饰装修墙制作安装应符合下列规定：

① 制作安装前应检查基层的垂直度和平整度，有防潮要求的应进行防潮处理。

② 按设计要求弹出标高、竖向控制线、分格线。打孔安装木砖或木楔，深度应不小于40mm，木砖或木楔应做防腐处理。

③ 龙骨间距应符合设计要求。当设计无要求时：横向间距宜为300mm，竖向间距宜为400mm。龙骨与木砖或木楔连接应牢固。龙骨/木质基层板应进行防火处理。

④ 饰面板安装前应进行选配，颜色、木纹对接应自然谐调。

⑤ 饰面板固定应采用射钉或胶粘接，接缝应在龙骨上，接缝应平整。

⑥ 镶接式木装饰墙可用射钉从凹样边倾斜射入。安装第一块时必须校对竖向控制线。

⑦ 安装封边收口线条时应用射钉固定，钉的位置应在线条的凹槽处或背视线的一侧。

12.3.4 软包墙面制作安装应符合下列规定：

① 软包墙面所用填充材料、纺织面料和龙骨、木基层板等均应进行防火处理。

② 墙面防潮处理应均匀涂刷一层清油或满铺油纸。不得用沥青油毡做防潮层。

③ 木龙骨宜采用凹槽榫工艺预制，可整体或分片安装，与墙体连接应紧密、牢固。

④ 填充材料制作尺寸应正确，棱角应方正，应与木基层板粘接紧密。

⑤ 织物面料裁剪时经纬应顺直。安装应紧贴墙面，接缝应严密，花纹应吻合，无波纹起伏、翘边和褶皱，表面应清洁。

⑥ 软包布面与压线条、贴脸线、踢脚板、电气盒等交接处应严密、顺直、无毛边。电气盒盖等开洞处，套割尺寸应准确。

12.3.5 墙面裱糊应符合下列规定：

① 基层表面应平整、不得有粉化、起皮、裂缝和突出物，色泽应一致。有防潮要求的应进行防潮处理。

② 裱糊前应按壁纸、墙布的品种、花色、规格进行选配。拼花、裁切、编号、裱糊时应按编号顺序粘贴。

③ 墙面应采用整幅裱糊，先垂直面后水平面，先细部后大面，先保证垂直后对花拼缝，垂直面是先上后下，先长墙面后短墙面，水平面是先高后低。阴角处接缝应搭接，阳角处应包角不得有接缝。

④ 聚氯乙烯塑料壁纸裱糊前应先将壁纸用水润湿数分钟，墙面裱糊时应在基层表面涂刷胶粘剂，顶棚裱糊时，基层和壁纸背面均应涂刷胶粘剂。

⑤ 复合壁纸不得浸水，裱糊前应先在壁纸背面涂刷胶粘剂，放置数分钟，裱糊时，基层表面应涂刷胶粘剂。

⑥ 纺织纤维壁纸不宜在水中浸泡，裱糊前宜用湿布清洁背面。

⑦ 带背胶的壁纸裱糊前应在水中浸泡数分钟。裱糊顶棚时应涂刷一层稀释的胶粘剂。

⑧ 金属壁纸裱糊前应浸水 1～2min，阴干 5～8min 后在其背面刷胶。刷胶应使用专用的壁纸粉胶，一边刷胶，一边将刷过胶的部分，向上卷在发泡壁纸卷上。

⑨ 玻璃纤维基材壁纸、无纺墙布无需进行浸润。应选用粘接强度较高的胶粘剂，裱糊前应在基层表面涂胶，墙布背面不涂胶。玻璃纤维墙布裱糊对花时不得横拉斜扯避免变形脱落。

13. 涂饰工程

13.1　一般规定

13.1.1　本章适用于住宅内部水性涂料、溶剂型涂料和美术涂饰的涂饰工程施工。

13.1.2　涂饰工程应在抹灰、吊顶、细部、地面及电气工程等已完成并验收合格后进行。

13.1.3　涂饰工程应优先采用绿色环保产品。

13.1.4　混凝土或抹灰基层涂刷溶剂型涂料时，含水率不得大于 8%；涂刷水性涂料时，含水率不得大于 10%；木质基层含水率不得大于 12%。

13.1.5　涂料在使用前应搅拌均匀，并应在规定的时间内用完。

13.1.6　施工现场环境温度宜在 5～35℃之间，并应注意通风换气和防尘。

13.2　主要材料质量要求

13.2.1　涂料的品种、颜色应符合设计要求，并应有产品性能检测报告和产品合格证书。

13.2.2　涂饰工程所用腻子的粘结强度应符合国家现行标准的有关规定。

13.3　施工要点

13.3.1　基层处理应符合下列规定：

① 混凝土及水泥砂浆抹灰基层：应满刮腻子、砂纸打光，表面应平整光滑、线角顺直。

② 纸面石膏板基层：应按设计要求对板缝、钉眼进行处理后，满刮腻子、砂纸打光。

③ 清漆木质基层：表面应平整光滑、颜色谐调一致、表面无污染、裂缝、残缺等缺陷。

④ 调和漆木质基层：表面应平整、无严重污染。

⑤ 金属基层：表面应进行除锈和防锈处理。

13.3.2 涂饰施工一般方法：

① 滚涂法：将蘸取漆液的毛辊先按 W 方式运动将涂料大致涂在基层上，然后用不蘸取漆液的毛辊紧贴基层上下、左右来回滚动，使漆液在基层上均匀展开，最后用蘸取漆液的毛辊按一定方向满滚一遍。阴角及上下口宜采用排笔刷涂找齐。

② 喷涂法：喷枪压力宜控制在 0.4～0.8MPa 范围内。喷涂时喷枪与墙面应保持垂直，距离宜在 500mm 左右，匀速平行移动。两行重叠宽度宜控制在喷涂宽度的 1/3。

③ 刷涂法：宜按先左后右、先上后下、先难后易、先边后面的顺序进行。

13.3.3 木质基层涂刷清漆：木质基层上的节疤、松脂部位应用虫胶漆封闭，钉眼处应用油性腻子嵌补。在刮腻子、上色前，应涂刷一遍封闭底漆，然后反复对局部进行拼色和修色，每修完一次，刷一遍中层漆，干后打磨，直至色调谐调统一，再做饰面漆。

13.3.4 木质基层涂刷调和漆：先满刷清油一遍，待其干后用油腻子将钉孔、裂缝、残缺处嵌刮平整，干后打磨光滑，再刷中层和面层油漆。

13.3.5 对泛碱、析盐的基层应先用 3%的草酸溶液清洗，然后用清水冲刷干净或在基层上满刷一遍耐碱底漆，待其干后刮腻子，再涂刷面层涂料。

13.3.6 浮雕涂饰的中层涂料应颗粒均匀，用专用塑料辊蘸煤油或水均匀滚压，厚薄一致，待完全干燥固化后，才可进行面层涂饰，面层为水性涂料应采用喷涂，溶剂型涂料应采用刷涂。间隔时间宜在 4h 以上。

13.3.7 涂料、油漆打磨应待涂膜完全干透后进行，打磨应用力均匀，不得磨透露底。

14. 地面铺装工程

14.1 一般规定

14.1.1 本章适用于石材(包括人造石材)、地面砖、实木地板、竹地板、实木复合地板、强化复合地板、地毯等材料的地面面层的铺贴安装工程施工。

14.1.2 地面铺装宜在地面隐蔽工程、吊顶工程、墙面抹灰工程完成并验收后进行。

14.1.3 地面面层应有足够的强度，其表面质量应符合国家现行标准、规范的有关规定。

14.1.4　地面铺装图案及固定方法等应符合设计要求。

14.1.5　天然石材在铺装前应采取防护措施，防止出现污损、泛碱等现象。

14.1.6　湿作业施工现场环境温度宜在5℃以上。

14.2　主要材料质量要求

14.2.1　地面铺装材料的品种、规格、颜色等均匀符合设计要求并应有产品合格证书。

14.2.2　地面铺装时所用龙骨、垫木、毛地板等木料的含水率，以及防腐、防蛀、防火处理等均应符合国家现行标准、规范的有关规定。

14.3　施工要点

14.3.1　石材、地面砖铺贴应符合下列规定：

① 石材、地面砖铺贴前应浸水湿润。天然石材铺贴前应进行对色、拼花并试拼、编号。

② 铺贴前应根据设计要求确定结合层砂浆厚度，拉十字线控制其厚度和石材、地面砖表面平整度。

③ 结合层砂浆宜采用体积比为1∶3的干硬性水泥砂浆，厚度宜高出实铺厚度2～3mm。铺贴前应在水泥砂浆上刷一道水灰比为1∶2的素水泥浆或干铺水泥1～2mm后洒水。

④ 石材、地面砖铺贴时应保持水平就位，用橡皮锤轻击使其与砂浆粘结紧密，同时调整其表面平整度及缝宽。

⑤ 铺贴后应及时清理表面，24h后应用1∶1水泥浆灌缝，选择与地面颜色一致的颜料与白水泥拌和均匀后嵌缝。

14.3.2　竹、实木地板铺装应符合下列规定：

① 基层平整度误差不得大于5mm。

② 铺装前应对基层进行防潮处理，防潮层宜涂刷防水涂料或铺设塑料薄膜。

③ 铺装前应对地板进行选配，宜将纹理、颜色接近的地板集中使用于一个房间或部位。

④ 木龙骨应与基层连接牢固，固定点间距不得大于600mm。

⑤ 毛地板应与龙骨成30°或45°铺钉，板缝应为2～3mm，相邻板的接缝应错开。

⑥ 在龙骨上直接铺装地板时，主次龙骨的间距应根据地板的长宽模数计算确定，地板接缝应在龙骨的中线上。

⑦ 地板钉长度宜为板厚的 2.5 倍，钉帽应砸扁。固定时应从凹榫边 30°角倾斜钉入。硬木地板应先钻孔，孔径应略小于地板钉直径。

⑧ 毛地板及地板与墙之间应留有 8～10mm 的缝隙。

⑨ 地板磨光应先刨后磨，磨削应顺木纹方向，磨削总量应控制在 0.3～0.8mm 内。

⑩ 单层直铺地板的基层必须平整、无油污。铺贴前应在基层刷一层薄而匀的底胶以提高粘结力。铺贴时基层和地板背面均应刷胶，待不粘手后再进行铺贴。拼板时应用榔头垫木块敲打紧密，板缝不得大于 0.3mm。溢出的胶液应及时清理干净。

14.3.3 强化复合地板铺装应符合下列规定：

① 防潮垫层应满铺平整，接缝处不得叠压。

② 安装第一排时应凹槽面靠墙。地板与墙之间应留有 8～10mm 的缝隙。

③ 房间长度或宽度超过 8m 时，应在适当位置设置伸缩缝。

14.3.4 地毯铺装应符合下列规定：

① 地毯对花拼接应按毯面绒毛和织纹走向的同一方向拼接。

② 当使用张紧器伸展地毯时，用力方向应呈 V 字形，应由地毯中心向四周展开。

③ 当使用倒刺板固定地毯时，应沿房间四周将倒刺板与基层固定牢固。

④ 地毯铺装方向，应是毯面绒毛走向的背光方向。

⑤ 满铺地毯，应用扁铲将毯边塞入卡条和墙壁间的间隙中或塞入踢脚下面。

⑥ 裁剪楼梯地毯时，长度应留有一定余量，以便在使用中可挪动常磨损的位置。

15. 卫生器具及管道安装工程

15.1 一般规定

15.1.1 本章适用于厨房、卫生间的洗涤、洁身等卫生器具的安装以及分户进水阀后给水管段、户内排水管段的管道施工。

15.1.2 卫生器具、各种阀门等应积极采用节水型器具。

15.1.3 各种卫生设备及管道安装均应符合设计要求及国家现行标准规范的有关规定。

15.2 主要材料质量要求

15.2.1　卫生器具的品种、规格、颜色应符合设计要求并应有产品合格证书。

15.2.2　给排水管材、件应符合设计要求并应有产品合格证书。

15.3　施工要点

15.3.1　各种卫生设备与地面或墙体的连接应用金属固定件安装牢固。金属固定件应进行防腐处理。当墙体为多孔砖墙时，应凿孔填实水泥砂浆后再进行固定件安装。当墙体为轻质隔墙时，应在墙体内设后置埋件，后置埋件应与墙体连接牢固。

15.3.2　各种卫生器具安装的管道连接件应易于拆卸、维修。排水管道连接应采用有橡胶垫片排水栓。卫生器具与金属固定件的连接表面应安置铅质或橡胶垫片。各种卫生陶瓷类器具不得采用水泥砂浆窝嵌。

15.3.3　各种卫生器具与台面、墙面、地面等接触部位均应采用硅酮胶或防水密封条密封。

15.3.4　各种卫生器具安装验收合格后应采取适当的成品保护措施。

15.3.5　管道敷设应横平竖直，管卡位置及管道坡度等均应符合规范要求。各类阀门安装应位置正确且平正，便于使用和维修。

15.3.6　嵌入墙体、地面的管道应进行防腐处理并用水泥砂浆保护，其厚度应符合下列要求：墙内冷水管不小于10mm、热水管不小于15mm，嵌入地面的管道不小于10mm。嵌入墙体、地面或暗敷的管道应作隐蔽工程验收。

15.3.7　冷热水管安装应左热右冷，平行间距应不小于200mm。当冷热水供水系统采用分水器供水时，应采用半柔性管材连接。

15.3.8　各种新型管材的安装应按生产企业提供的产品说明书进行施工。

16. 电气安装工程

16.1　一般规定

16.1.1　本章适用于住宅单相入户配电箱户表后的室内电路布线及电器、灯具安装。

16.1.2　电气安装施工人员应持证上岗。

16.1.3　配电箱户表后应根据室内用电设备的不同功率分别配线供电；大功率家电设备应独立配线安装插座。

16.1.4　配线时，相线与零线的颜色应不同；同一住宅相线(L)颜色应统一，零线(N)宜用蓝色，保护线(PE)必须用黄绿双色线。

16.1.5 电路配管、配线施工及电器、灯具安装除遵守本规定外，尚应符合国家现行有关标准规范的规定。

16.1.6 工程竣工时应向业主提供电气工程竣工图。

16.2 主要材料质量要求

16.2.1 电器、电料的规格、型号应符合设计要求及国家现行电器产品标准的有关规定。

16.2.2 电器、电料的包装应完好，材料外观不应有破损，附件、备件应齐全。

16.2.3 塑料电线保护管及接线盒必须是阻燃型产品，外观不应有破损及变形。

16.2.4 金属电线保护管及接线盒外观不应有折扁和裂缝，管内应无毛刺，管口应平整。

16.2.5 通信系统使用的终端盒、接线盒与配电系统的开关、插座，宜选用同一系列产品。

16.3 施工要点

16.3.1 应根据用电设备位置，确定管线走向、标高及开关、插座的位置。

16.3.2 电源线配线时，所用导线截面积应满足用电设备的最大输出功率。

16.3.3 暗线敷设必须配管。当管线长度超过 15m 或有两个直角弯时，应增设拉线盒。

16.3.4 同一回路电线应穿入同一根管内，但管内总根数不应超过 8 根，电线总截面积(包括绝缘外皮)不应超过管内截面积的 40%。

16.3.5 电源线与通讯线不得穿入同一根管内。

16.3.6 电源线及插座与电视线及插座的水平间距不应小于 500mm。

16.3.7 电线与暖气、热水、煤气管之间的平行距离不应小于 300mm，交叉距离不应小于 100mm。

16.3.8 穿入配管导线的接头应设在接线盒内，接头搭接应牢固，绝缘带包缠应均匀紧密。

16.3.9 安装电源插座时，面向插座的左侧应接零线(N)，右侧应接相线(L)，中间上方应接保护地线(PE)。

16.3.10 当吊灯自重在 3kg 及以上时，应先在顶板上安装后置埋件，然后将灯具固定在后置埋件上。严禁安装在木楔、木砖上。

16.3.11　连接开关、螺口灯具导线时，相线应先接开关，开关引出的相线应接在灯中心的端子上，零线应接在螺纹的端子上。

16.3.12　导线间和导线对地间电阻必须大于0.5MΩ。

16.3.13　同一室内的电源、电话、电视等插座面板应在同一水平标高上，高差应小于5mm。

16.3.14　厨房、卫生间应安装防溅插座，开关宜安装在门外开启侧的墙体上。

16.3.15　电源插座底边距地宜为300mm，平开关板底边距地宜为1400mm。

参考文献

1. 彭扬华，杨雪. 简明建筑装饰设计与施工手册 [M]. 北京：中国建筑工业出版社，1999

2. 伊长荣. 家庭装修健康指南 [M]. 北京：人民军医出版社，2004

3. 彭长大. 建筑施工质量验收标准速查手册 [M]. 北京：中国建筑工业出版社，2004

4. 王华生，赵慧如，王江南. 怎样当好装饰装修项目经理 [M]. 北京：中国建筑工业出版社，2002

5. 方承讯，郭立民. 建筑施工 [M]. 北京：中国建筑工业出版社，1997

6. 高明远，杜一民. 建筑设备工程 [M]. 北京：中国建筑工业出版社，1990

7. 葛勇，张宝生. 建筑材料 [M]. 上海：复旦大学出版社，2002

8. 余永桢，周世明. 建筑施工手册(第四版) [M]. 北京：中国建筑工业出版社，2002

9. 楢崎雄之. 图解室内装饰设计基础与技巧 [M]. 北京：科学出版社，1994

10. 李建华，范颖敏. 生活中的不科学(购房消费篇) [M]. 北京：工商出版社，2002.7

11. 林崇华. 家庭装修设计资料手册 [M]. 北京：中国电力出版社.2006

12. 于健翔. 装饰装修工程建造师工程管理事务全书 [M]. 北京：当代北京出版社，2004

13. 阎俊爱. 智能建筑技术与设计 [M]. 北京：清华大学出版社，2005

14. 苍生图书工作室. 我的房子我做主之轻松采购 [M]. 北京：中国建筑工作出版社，2005

15. 赵子夫，唐利. 和谐家居·书屋 [M]. 辽宁：辽宁科学技术出版社，2005

16. 诗玫. 这样装修最省钱 [M]. 北京：京华出版社，2006

17. 王明伟，胡婕筠. 旺气格局居家装潢［M］. 北京：北京科学技术出版社，2006

18. 温意华. 今日家居装修设计图集［M］. 北京：中国建材工业出版社，1999

19. 孙兰新，刘燕妮. 木工（第二版）［M］. 北京：化学工业出版社，2006

20. 林采. Easy 3000 居家装潢魔法大全［M］. 北京：农村读物出版社，2003

21. 刘天杰. 卫生间设计——家居室内装饰设计资料集［M］. 北京：中国建材工业出版社，2006

22. 曾昭远. 装修完全手册·家居篇［M］. 深圳：海天出版社，2002

23. 马穆良. 中式装修图集［M］. 北京：工艺美术出版社，2004

24. 韦自力. 设计一点通——线构成［M］. 广西：广西美术出版社，2004

25. 陈锐. 轻松家装 100 招［M］. 重庆：重庆出版社，2005

此外还参考了建资房地产网（www.jianzi.net）、搜房网（http://www.soufang.com）、久久健康生活馆居家常识（http://www.5y99.cn/jjcs/Index.html）、中国怀化装饰建材网（http://www.hhzsw.com）、建筑未来（www.buildfuture.com.cn）、房产天地网（http://www.td365.com/）、好易得房产网（http://www.haoyid.com）、焦点装修家居网（http://home.focus.cn/）、星辰在线网（http://www.csonline.com.cn）、中国家居联盟网（http://www.3s3s.cn）、中国装修论坛（http://bbs.roomage.com）、家住天通苑网（http://www.tty.com.cn）、百业论坛（http://www.filmcn.com）、华饰网（http://www.hua4.com）等网络资料，在此对这些资料的作者一并表示感谢。